LA RELIGION ÉCOLOGISTE

CLIMAT, CO_2 ET HYDROGÈNE
RÉALITÉ ET FICTION

DU MÊME AUTEUR

Les Transports urbains, PUF, « Que sais-je ? »

La Mort inutile, la sécurité routière, Plon

L'Énergie à revendre, J.-C Lattès

Les Transports en France, Transports Actualité

Les Transports en Europe, EDS

Candide au pays des libéraux, Albin Michel

Transport in Europe, Artech House Publishers, Boston-Londres

La Saga du RER et le maillon manquant, Presses de l'École Nationale des Ponts et Chaussées

Les Danseuses de la République, SNCF et transports publics, L'Harmattan

Écologie, la Grande Arnaque, Albin Michel

Climate: the Great Delusion, Stacey International

$C0_2$, un mythe planétaire, Éditions du Toucan

La Poule aux œufs d'or: la Renaissance de Polytechnique, Éditions du Toucan

United Nations Climate Liars, Éditions du Toucan

La Sécurité routière, une réussite française, L'Harmattan

Le CO_2 est bon pour la planète, Éditions du Toucan

L'air est pur à Paris, mais personne ne le sait, Édition de l'Artilleur

Oui, vous pouvez acheter un diesel !, Édition de l'Artilleur

Rebâtir la France par l'éducation et l'enseignement, Édition de l'Artilleur

Christian Gerondeau

LA RELIGION ÉCOLOGISTE

CLIMAT, CO_2 ET HYDROGÈNE RÉALITÉ ET FICTION

L'ARTILLEUR

collection
« Interventions »

ISBN 978-2-81001-039-4

Éditions du Toucan – éditeur indépendant
16, rue Vézelay, 75008 Paris.

www.editionsdutoucan.fr

Au futur président de la République,
pour qu'il ramène le monde à la raison.

Sommaire

DEUXIÈME PARTIE

Avant-propos

L'objectif fixé en 2019 à la Convention Citoyenne pour le Climat était clair. Il lui fallait trouver les actions à conduire pour qu'en 2030 la France ait réduit de 40 % ses émissions de CO_2, apportant ainsi sa contribution à la lutte contre le réchauffement climatique et les désordres qui en découleraient pour la planète.

Tel est du moins ce qu'ont cru ses participants.

Mais nous ne sommes pas seuls au monde et ce que nous pouvons faire au niveau national pour réduire nos propres émissions doit être mis en regard de leur volume au niveau mondial. Les chiffres sont alors sans appel. La chute demandée de 40 %, à supposer que nous puissions l'atteindre, réduirait le total des émissions planétaires de 0,25 % ! Et ceci sans même tenir compte du fait que les émissions mondiales annuelles n'accroissent ce qui compte, c'est-à-dire le stock atmosphérique de CO_2, que d'un deux-centième par an.

Et qu'on ne vienne pas dire que nous servirions alors d'exemple au reste du globe, et notamment aux pays en développement qui sont dorénavant les émetteurs très majoritaires au niveau mondial. Selon les prévisions que ceux-ci transmettent chaque année aux Nations-Unies, leurs émanations cumulées ne vont pas cesser de s'accroître au cours des décennies à venir. En 2030 précisément, elles représenteront plus de 300 fois la réduction qui nous serait due si nous réussissions à atteindre l'objectif de 40 % fixé par nos dirigeants.

Autrement dit, ce que nous pouvons faire ne sert à rien et les 30 milliards d'euros que nous avons prévus de consacrer dans le cadre du plan de relance à la réduction de nos émissions pour « sauver la planète » sont un pur gaspillage.

Et les multiples interdictions, restrictions, taxations, réglementations, limitations, obligations, coercitions de toute nature envisagées avec la même finalité illusoire, et au détriment de notre économie, de nos emplois et de la qualité de vie de nos compatriotes, n'ont pas plus de justification.

Il en découle aussi que les demandes, mille fois réitérées jusqu'à devenir obsessionnelles, de réduction de nos émissions de CO_2 ne riment à rien, tant les ordres de grandeur ne leur permettent pas d'avoir le moindre effet, sauf celui de nous entraîner dans des dépenses inutiles et de nous culpabiliser. C'est une base centrale de notre politique économique qui s'effondre.

Et il n'y a d'autant moins à le regretter que le CO_2 ne présente heureusement aucun danger. Il y en avait quatre fois plus du temps des dinosaures et la planète prospérait.

Il serait toutefois injuste de rendre responsables des errements actuels nos seuls dirigeants, car beaucoup d'autres pays en font tout autant, aveuglés comme nous-mêmes par l'une des plus extraordinaires manipulations de tous les temps, fruit de la prise en mains il y a un demi-siècle des Nations-Unies par les prophètes d'une idéologie infondée et délétère. Persuadés de la nocivité intrinsèque de l'homme et ne reculant devant aucune falsification de la réalité, ceux-ci ont réussi à imposer au monde une vision culpabilisatrice et catastrophiste de l'avenir qui ne repose que sur leur intime conviction et que les faits démentent obstinément.

Depuis cinquante ans, ce sont les ONG écologistes qui règnent sans partage au sein des Nations-Unies et qui travestissent impunément la vérité en affirmant parler au nom de la science alors qu'ils trahissent celle-ci. Car tout est faux.

C'est cette manipulation de l'humanité entière, sans précédent dans l'Histoire, que va décrire ce livre. Certes, celle-ci ne paraît pas crédible. Elle est vraie pourtant. Jamais autant d'hommes n'auront été trompés par si peu. Et lorsqu'il sera mis fin à leurs falsifications, l'optimisme pourra alors renaître pour notre jeunesse aujourd'hui égarée.

Ce livre est organisé en deux parties. La première dénonce en seize points précis les idées fausses qui ont cours. La seconde, à caractère historique, révèle par quels stupéfiants stratagèmes les tenants d'une idéologie écologique, religion des temps modernes, ont méthodiquement conquis en un demi-siècle le pouvoir des idées au sein du monde occidental et au détriment de l'humanité.

L'ouvrage s'achève sur un appel souhaitant que la France puisse, par ses autorités administratives, politiques, médiatiques, et scientifiques telles que ses grandes Académies, ramener le monde à la raison. Ce serait le plus grand service que le pays de Descartes puisse aujourd'hui rendre à l'humanité.

Introduction

Rendre simples les choses compliquées est un art difficile.
Beaucoup pratiquent l'art inverse.

La cause est entendue. La science a parlé. « Science is settled » disent les anglo-saxons. Depuis plus de trente ans le monde vit avec deux certitudes.

– La planète court à la catastrophe du fait des émissions de CO_2 consécutives aux activités humaines.
– Il doit donc être possible de supprimer ces émissions.

La logique paraît imparable. Mais il s'agit d'un sophisme, du sophisme du siècle.

Les conséquences de ces deux fondements sont considérables dans de multiples domaines. Des milliers de milliards d'euros ou de dollars sont dépensés en faveur des énergies renouvelables. Des industries entières sont bouleversées comme c'est le cas pour celle de l'automobile en Europe. Les normes de construction des immeubles sont sans cesse renforcées. Des modes de transport sont mis en cause et leurs emplois menacés. Des taxes multiples voient le jour ou sont accrues. Certains tarifs de services publics vont parfois être doublés au détriment des plus pauvres. Quant à la réduction sinon la suppression des émissions de CO_2, elle est devenue obsessionnelle dans la politique des États, des entreprises, et dans les médias, si ce n'est au sein de la vie quotidienne.

Cet aspect des choses n'est pas le seul en cause. C'est notre vision du monde qui a changé. La communauté mondiale a beau s'être saisie du dossier au plus haut niveau, celui des Nations-Unies, celui des chefs d'État des pays développés les plus influents, celui de tous des grands organismes internationaux qui régissent le fonctionnement de la planète, ou celui des plus grands chefs d'entreprises, le sentiment qui domine est celui de la fatalité.

Chaque année, des réunions auxquelles assistent des dizaines de milliers de participants se tiennent aux quatre coins du monde sous l'égide des Nations-Unies, mais rien ne change. Conférence après conférence, la seule décision prise est toujours la même, et c'est celle de se réunir à nouveau l'année suivante pour voir comment sortir enfin de l'impasse.

Sans cesse entretenu par les responsables des plus hautes instances mondiales, internationales et nationales, c'est le même sentiment d'impuissance qui prévaut. Nous irions à une catastrophe à l'égard de laquelle, au-delà des paroles, nous sommes désarmés comme en témoigne l'évolution de la planète et de son climat. Et ce ne sont pas les paroles de l'actuel Secrétaire Général des Nations-Unies lui-même, Antonio Guterres, qui peuvent rassurer lorsqu'il déclare le 2 décembre 2019, reprenant peu ou prou les propos de ses prédécesseurs : *« Ouvrons nos esprits à l'unanimité de la science, car nous évoluons aujourd'hui vers le fond de l'abîme… Une génération a enfoui sa tête pendant que la planète brûlait… Si nous ne changeons pas d'urgence nos modes de vie, nous mettons en danger la vie elle-même…* ».

Comment alors la jeunesse du monde pourrait-elle avoir confiance dans l'avenir, ce dont a témoigné Greta Thunberg devant l'Assemblée Générale des Nations-Unies par une apostrophe restée célèbre : « *Comment osez-vous ? Depuis plus de trente ans, la science est claire comme du cristal… Vous nous trompez… Et si vous continuez à nous tromper, nous ne vous le pardonnerons jamais…* » ?

Le discours de la jeune Suédoise a surpris sinon choqué la planète entière. Mais il n'est que la conséquence logique sinon la répétition des propos des plus hautes éminences politiques, morales et parfois religieuses de la planète, et de tous ceux qui, aux plus hauts postes de responsabilité de par le monde, entretiennent une vision désespérante de l'humanité. À vrai dire, il n'y a aucune différence entre les propos de Greta et ceux du Secrétaire général des Nations-Unies.

C'est pour sortir de ce qui paraît être depuis plus de trois décennies une situation sans espoir et permettre de voir émerger une vision positive de l'avenir que ce livre envisage une autre approche. Il suggère d'inverser l'ordre des deux fondements de la doxa actuelle. Au lieu de partir de la prémisse qui voudrait que la Terre aille à la catastrophe et d'en déduire qu'il est impératif de supprimer nos émissions de CO_2, il s'interroge *d'abord* sur la plausibilité de cette requête. Il découvre alors que celle-ci n'appartient pas au monde du réel, et que la plupart des mesures prises pour tenter de supprimer nos émissions de CO_2 et ainsi « sauver la planète » ne peuvent avoir aucun effet. C'est que la peur, sinon la terreur, inspirée par l'annonce sans cesse répétée d'une catastrophe imminente a aveuglé jusqu'aux meilleurs esprits.

En 1940, après la déroute de l'armée française, le grand historien Marc Bloch qui fut plus tard l'un des martyrs de la Résistance, s'interrogeait dans son ouvrage *« L'étrange défaite »* sur les causes de l'effondrement national qu'il attribuait à la faillite des élites du pays et de leur formation.

Cette fois-ci, nous assistons à un phénomène mondial qui bouleverse le fonctionnement de l'économie planétaire et affecte le sort de milliards d'êtres humains, et est caractérisé par une perte du sens commun que nul n'aurait pensé possible à une époque qui n'a jamais vu autant d'enfants accéder à l'éducation et de jeunes à l'enseignement supérieur. C'est l'étrange défaite du bon sens, mais aussi de la science.

Les générations futures se demanderont avec étonnement comment, pendant plus de trois décennies, oubliant l'enseignement des Lumières, notre monde a pu en revenir à des comportements médiévaux, et la plupart des dirigeants de la planète et des multiples organisations internationales et nationales dont la raison d'être est d'œuvrer pour le bien de l'humanité, succomber aveuglément à la séduction d'idées revêtant l'apparence de la logique plutôt que de faire confiance à la réalité des faits et des chiffres.

Car ceux-ci sont sans appel. Pour d'évidentes raisons, il n'est pas possible de se passer d'hydrocarbures et donc de mettre fin aux émissions de CO_2. Et ceux qui ne cessent de nous répéter que la science a montré que c'était possible nous ont sciemment menti comme le montrera la seconde partie de ce livre. Et s'ils nous ont menti sur ce point, il n'est pas difficile de montrer qu'ils l'ont fait tout autant, et avec le même travestissement de la vérité, quand ils ont affirmé, là aussi sans la moindre preuve, que la Terre s'acheminait vers la catastrophe.

Ce dévoiement de la science au profit d'une idéologie sinon d'intérêts spécifiques en rappelle irrésistiblement un autre et porte un nom. Pendant plus de trente ans, le Lyssenkisme de triste mémoire régna en Union Soviétique, que le dictionnaire définit comme étant : « *Une science corrompue par l'idéologie, où les faits sont dissimulés ou interprétés de manière scientifiquement erronée* ».

Les jeunes générations ne savent pas qui était Trofim Lyssenko. Né en 1898 en Ukraine dans une famille de paysans, il apprit à écrire et à lire à 13 ans, puis effectua des études sommaires de biologie et d'horticulture. En 1922, il devint assistant – chercheur puis reçut le titre d'agronome en 1925. Dénigrant les théories de Mendel sur l'évolution des espèces et l'existence des gênes, il inventa alors en 1928 une nouvelle technique de production agricole qu'il baptisa « vernalisation », supposée tripler ou quadrupler les rendements en exposant les semences au froid et à une forte humidité.

Alors que l'URSS connaissait des famines dramatiques du fait de la collectivisation des terres et de la création des Kolkhozes, ses travaux attirèrent l'attention de Staline. Dès 1930 Lyssenko fut fait Héros de l'Union Soviétique, puis il réussit à imposer ses théories comme étant les seules valables, ceux qui les contestaient étant qualifiés de « prétendus savants » et souvent condamnés au goulag sinon à la mort au moment des grandes purges.

Lyssenko fut constamment couvert des plus grands honneurs, recevant notamment trois fois le Prix Staline et huit fois celui de

Lénine. Sa mainmise totale sur les instances biologiques sinon scientifiques de l'URSS se prolongea jusqu'en 1964, bien après la mort de Staline survenue en 1953. Elle dura donc un tiers de siècle au cours duquel science et politique furent confondues, et les véritables scientifiques qui s'opposaient aux théories dénuées de fondement de Lyssenko qualifiés « d'ennemis du peuple », puisque ces théories avaient l'aval des instances du parti communiste au pouvoir.

En 1938, Lyssenko fut nommé par décret Président de l'Académie Lénine des Sciences Agronomiques après l'arrestation de son prédécesseur et sa mise en prison puis sa mort. En 1945, il fut fait héros du travail socialiste. En 1948 son « Rapport sur la théorie des deux sciences », fut approuvé par le Comité Central du Parti Communiste. Après la fin de Staline, il eut enfin le soutien de Nikita Khrouchtchev jusqu'à la disparition de celui-ci en 1964.

Ce n'est qu'ensuite qu'il devint possible de s'étonner de la vacuité des thèses lyssenkistes, et surtout de s'interroger sur les causes de leur succès, y compris en France, comme le faisait déjà Jacques Monod lorsqu'il écrivait le 15 septembre 1948 dans le journal « Combat », un an avant de recevoir le Prix Nobel de physiologie et de médecine : *« Comment Lyssenko a-t-il pu acquérir assez d'influence et de pouvoir pour subjuguer ses collègues, conquérir l'appui des médias, recevoir l'approbation du Comité Central du Parti et de Staline en personne, au point qu'aujourd'hui la « Vérité » dérisoire de Lyssenko est encore la vérité officielle garantie par l'État, que tout ce qui s'en écarte est irrévocablement banni de la science soviétique, et que les opposants qui défendent la vraie science sont honteusement cloués au pilori ? Tout cela est insensé, démesuré, invraisemblable. C'est vrai pourtant. Que s'est-il passé ? »*.

Si plusieurs pages viennent d'être consacrées à ce qu'il est convenu d'appeler le Lyssenkisme, c'est que les similitudes avec ce qui se déroule de nos jours dans le domaine de l'avenir de la planète sont étonnantes.

Dans les deux cas règne tout d'abord l'intolérance la plus entière. Il n'y a qu'une vérité, et ceux qui n'y adhérent pas doivent être voués aux gémonies. Bien sûr, il ne s'agit pas aujourd'hui de les envoyer au goulag et à la mort. Mais ils sont qualifiés du terme accusateur de « climato-sceptiques », voire même de « négationnistes » avec ce que cette qualification sous-entend de méprisable. Et ils sont interdits de toute participation aux manifestions où ils pourraient ouvrir un débat avec les tenants des points de vue qui ont cours, puisque *« la science a parlé »* et qu'aucune controverse n'a lieu d'être, contrairement à ce qu'a toujours été une véritable démarche scientifique. C'est ainsi notamment qu'ils sont exclus des travaux qui donnent lieu tous les six ans aux volumineux rapports du GIEC. Et s'il leur arrive d'être admis par erreur parmi les milliers de rédacteurs qui y contribuent, il est évidemment hors de question qu'ils participent à ce qui compte vraiment, c'est-à-dire au *« résumé à l'intention des décideurs »* et a fortiori au communiqué de presse qui seul retient l'attention des médias. D'une manière plus générale, ils ont d'ailleurs la plus grande difficulté à avoir accès à ces derniers, tant ils sont partout présentés comme étant des déviants d'une pensée unique que nulle personne censée ne saurait mettre en cause.

Le phénomène d'exclusion ne se limite pas aux organismes internationaux. Lorsque le gouvernement français a mis sur pied en 2019 sa *« Convention Citoyenne pour le Climat »*, il a été judicieusement décidé que ceux qui y participeraient seraient éclairés sur ce sujet dont ils ignoraient tout par des experts des phénomènes climatiques, et ce ne sont pas moins de 108 d'entre eux qui sont venus exposer devant eux leur point de vue. Mais tous, sans aucune exception, étaient des partisans affirmés de la thèse de la responsabilité de l'homme à l'égard des variations du climat, et convaincus de la possibilité d'y mettre fin en supprimant les émissions des gaz à effet de serre et notamment de CO_2. Tout fut fait, avec succès, pour que les 150 membres de la Convention ne puissent éprouver le moindre doute et apprendre que d'autres scientifiques s'interrogeaient quant à eux sur la véracité des thèses en vigueur. Il en existe pourtant de nombreux, y compris à l'Académie des Sciences et parmi les plus prestigieux, qui ne sont en rien convaincus par la doxa régnante. Mais leurs propositions d'intervention devant la « Convention Citoyenne » ne reçurent même pas de réponse, pas plus que n'en avaient reçu les biologistes qui du temps de Lyssenko voulaient défendre les thèses de Mendel sur l'évolution des espèces.

La confusion de la science et de la politique constitue un deuxième point de similitude entre l'époque de Lyssenko et celle que nous vivons. C'est le Comité Central du Parti Soviétique qui validait les thèses scientifiques sur la génétique des espèces alors qu'aucun de ses membres n'avait évidemment les connaissances nécessaires pour émettre un avis valable. Et c'est exactement ce qui se passe de nos jours, où ce sont les membres de l'Assemblée Générale du GIEC, clone de l'ONU, composée des représentants diplomatiques de 195 pays, qui approuvent des conclusions qui traitent des problèmes climatiques sans rien connaître de ces dossiers d'une particulière complexité. Depuis Galilée, on sait pourtant que la confusion entre politique et science est contraire aux principes de cette dernière, et néfaste à tout progrès.

Un troisième point rapproche encore le lyssenkisme de l'écologisme actuel, et il est capital. Il tient à la faiblesse des preuves qui sous-tendent les thèses défendues par leurs partisans.

Bien entendu, personne n'a jamais pu prouver que le fait de maintenir au froid les semences agricoles dans un milieu chargé d'humidité triplait ou quadruplait les rendements des récoltes à venir. Mais les lecteurs de ce livre découvriront avec étonnement quelles malhonnêtetés intellectuelles ont été nécessaires pour pouvoir affirmer de nos jours sans la moindre preuve que la Terre court à la catastrophe, ou que les énergies renouvelables pourraient répondre à 80 % des besoins énergétiques de l'humanité alors que la véritable proportion n'excède pas 10 % car il est exclu que l'on puisse se passer des hydrocarbures fossiles dans tout avenir prévisible et ne plus émettre de CO_2, contrairement aux affirmations sans cesse réitérées qui sont à la base de la doctrine officielle et constituent la raison d'être du GIEC et des autres organismes qui traitent du dossier climatique avec la même approche.

Une dernière comparaison s'impose, et c'est la plus importante. Il s'agit des mécanismes utilisés dans les deux cas pour obtenir la mainmise d'une idéologie sur le pouvoir politique.

S'agissant de l'Union Soviétique des années 1930, la voie à suivre était simple : il fallait acquérir la confiance de Staline, ce que sut remarquablement faire un Lyssenko fanatisé et doté de grands pouvoirs de conviction. La perspective de mettre fin aux dramatiques famines qui sévissaient alors lui valut un appui du « petit père des peuples » qui ne se démentit jamais. Il lui fallait ensuite prendre le pouvoir au sein des organismes scientifiques soviétiques de l'époque, objectif qu'il réussit également à atteindre en quelques années seulement.

Mais, si les choses sont bien connues pour ce qui se passa dans les années trente en URSS, elles le sont beaucoup moins pour ce qui concerne la mainmise depuis plusieurs décennies de l'idéologie écologiste sur les instances de l'ONU et plus généralement sur celles du monde entier ou presque. Ce ne fut pas là le fruit du hasard, mais d'abord de l'action d'un homme, le Lyssenko des temps modernes, dont le moment est venu de révéler le nom, même s'il n'a été que le premier d'une longue lignée perpétuée jusqu'à nos jours.

Maurice Strong vit le jour en 1929 au Manitoba au Canada dans une famille de tradition communiste, et sa jeunesse se déroula dans des conditions très difficiles pendant la grande dépression des années trente où il connut la faim, et au cours de laquelle il se radicalisa d'après ses propres déclarations. Il en conserva une vision profondément pessimiste et négative de l'humanité qui ne l'abandonna jamais.

Ayant cessé ses études à l'âge de 14 ans, il connut pourtant ensuite une vie exceptionnelle à de multiples titres, ou plutôt plusieurs vies parallèles.

Très tôt, comme le décrira plus en détail la seconde partie de ce livre, il fit fortune dans le pétrole, puis commença à bâtir un étonnant réseau de relations, tout autant dans les milieux industriels les plus en vue que dans ceux de la politique de son pays et d'ailleurs.

Mais, s'il marqua le monde de son empreinte, c'est à son action dans le domaine de l'environnement qu'il le dut comme en témoignent quelques dates. En 1968, il créa d'abord l'Agence Internationale de Développement du Canada. Puis il commandita en 1971 un rapport au titre révélateur que l'on dirait daté d'aujourd'hui : *« Only one earth ; the care and maintenance of a small planet »*, qui lui valut de présider l'année suivante à Stockholm la toute première réunion des Nations-Unies consacrée à l'environnement, puis surtout de faire créer en leur sein à la fin de 1972 un département spécialement consacré à l'environnement, le *« Programme des Nations-Unies pour l'Environnement (PNUE ou UNEP) »*, véritable Ministère de l'écologie des Nations-Unies dont il prit la tête pour plusieurs années. Il recruta alors par dizaines des militants issus des ONG tels que Greenpeace ou WWF, créant avec celles-ci des liens qui ne se sont jamais interrompus depuis lors et perdurent encore inchangés un demi-siècle plus tard puisque ce sont toujours aujourd'hui des responsables majeurs des ONG écologistes qui dirigent cette branche capitale de l'Organisation des Nations-Unies.

Les deux autres évènements capitaux qui marquèrent son action dans ce domaine furent plus tard la création du GIEC dont il fut l'un des pères en 1988, puis surtout l'organisation à son initiative et sous sa présidence en tant que Secrétaire Général Adjoint des Nations-Unies, de la célèbre Conférence de Rio de 1992 à laquelle assistèrent tous les chefs d'État ou presque, et qui porta le dossier du climat de la planète au premier plan des préoccupations du monde où il se trouve encore, alors qu'il n'en était rien auparavant.

À la différence de celle de Lyssenko, l'œuvre de Maurice Strong fut ainsi pérennisée jusqu'à ce jour, les Nations-Unies ayant été verrouillées et prises en main depuis lors par les ONG adeptes du catastrophisme dont il était lui-même intimement persuadé, et que véhicule aujourd'hui *nolens volens* Antonio Guterres comme le firent ses prédécesseurs Ban Ki Moon, Kofi Annan, ou Boutros Ghali, témoignant de l'exceptionnelle réussite de l'idéologue canadien au delà des ans.

Faut-il ajouter que, de même que Lyssenko ignorait tout de la biologie, Maurice Strong n'avait aucune connaissance du domaine du climat puisqu'il avait cessé ses études à 14 ans, ce qui ne l'empêchait pas d'affirmer lui aussi que « la science avait parlé », faisant ainsi croire pour imposer le silence à d'éventuels contradicteurs qu'il parlait au nom de celle-ci alors que c'était seulement en vertu de ses intimes convictions qui n'avaient rien à voir avec elle. Ce n'est pas là la moindre des étonnantes similitudes entre ces deux personnages.

C'est donc à un retour de Lyssenko que nous avons assisté depuis près d'un demi-siècle avec des conséquences bien plus graves encore, car elles touchent l'ensemble de la planète et d'abord les plus déshérités de ses habitants.

Bien sûr, un tel retour ne paraît pas crédible. Comment croire un instant que des dizaines de milliers de scientifiques, de responsables administratifs, de chefs d'entreprises, et les chefs d'État eux-mêmes aient pu être trompés si longtemps et encore de nos jours sur un dossier si capital pour l'humanité ? Mais c'est vrai pourtant, pour reprendre les termes de Jacques Monod au sujet de Lyssenko. Nul ne l'aurait cru possible, mais, selon l'expression de Jean Paulhan, il est de la nature de l'évidence qu'elle passe inaperçue.

C'est l'histoire de ce dévoiement aux conséquences si lourdes pour l'économie mondiale et pour notre vision de l'avenir ainsi que pour le sort de milliards d'êtres humains, parmi les plus pauvres d'entre nous, que va raconter ce livre.

Car les conséquences de la prise de pouvoir des Nations-Unies par Maurice Strong et ses émules sont d'une gravité extrême. C'est ainsi que le CO2 pâtit désormais d'une connotation éminemment négative, à tel point qu'il apparaît comme un symbole du mal, sinon le mal lui-même. On oublie que ses émissions découlent du recours par l'humanité aux hydrocarbures – pétrole ; gaz naturel ; charbon – qui sont en réalité indispensables à la sortie de la pauvreté et de la mort dans les pays pauvres et au maintien de la prospérité dans les pays développés.

La suite de ce livre montrera que le développement des émissions mondiales de CO_2 est globalement associé à une amélioration du sort de l'humanité, et est donc un évènement heureux dont il convient de se réjouir, car rien ne prouve que lui soient attachés des effets négatifs.

Avoir réussi à faire percevoir cet évènement heureux comme un désastre, à faire apparaître le progrès comme un mal, et à bouleverser ainsi dans un sens tragique notre perception du monde, de l'humanité et de l'avenir, est à coup sûr l'effet le plus pervers de la doxa qui règne désormais sans partage au sein des plus hautes instances planétaires. Faire apparaître comme négatif ce qui est positif n'est-il pas la quintessence de la perversion ?

Ce livre s'ouvre sur une suite de 16 illustrations commentées. Puissent celles-ci ouvrir les yeux de ceux qui, dépourvus d'a priori, sont tentés d'être convaincus par la déferlante des informations erronées qu'ils reçoivent en provenance des tenants d'une idéologie qui, croyant bien faire en voulant « sauver la planète », est en réalité profondément nuisible aux hommes, femmes et enfants qui composent notre humanité. À elle seule, la première de ces illustrations leur en dira plus que de longs discours sur la perte de raison aujourd'hui régnant sans partage.

Après une transition, la seconde partie de l'ouvrage comprendra trois chapitres.

Le premier décrira les méthodes déshonorantes employées par le GIEC, émanation des Nations-Unies, pour dégager sur les dossiers fondamentaux de l'écologie des conclusions contredisant les travaux des experts qu'il fait semblant de consulter.

Le deuxième chapitre montrera plus en détail comment a pris progressivement naissance la nouvelle religion qu'est devenu l'écologisme, et quels ont été ses prophètes à la fin du XXe siècle puis de nos jours encore.

Le troisième décrira, après que Maurice Strong se soit tourné vers d'autres activités, comment ses successeurs ont pérennisé son œuvre au travers des décennies.

La conclusion du livre s'interrogera enfin sur les causes de l'apparition d'une doxa à caractère religieux déconnectée de la réalité, et sur les raisons de sa persistance dans un monde ayant aujourd'hui perdu la rationalité des Lumières.

Elle sera suivie d'un appel invoquant Descartes qui avait déjà déclaré : « *La pluralité des opinions n'est pas une preuve, car si une vérité est quelque peu difficile à découvrir, il serait étonnant qu'elle soit rencontrée par tout un peuple…* ».

Elle s'interrogera sur le rôle que la France, autrefois pays cartésien, pourrait jouer pour que le monde sorte de l'impasse dans laquelle il se fourvoie depuis des décennies.

PREMIÈRE PARTIE

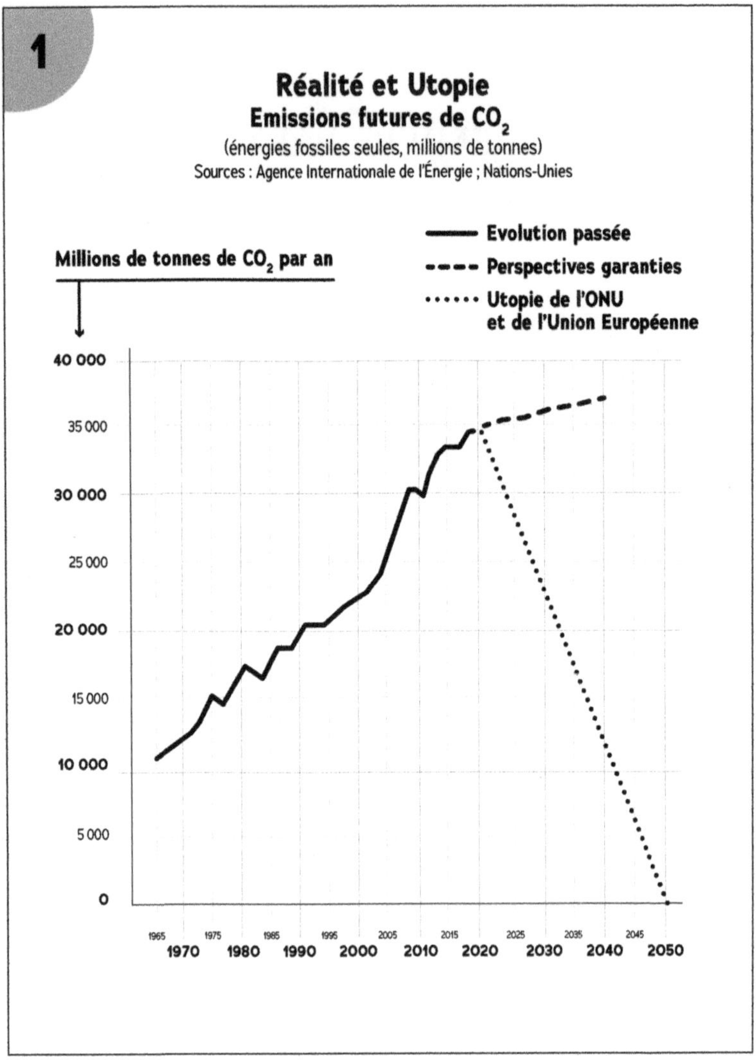
1
Réalité et Utopie
Emissions futures de CO_2
(énergies fossiles seules, millions de tonnes)
Sources : Agence Internationale de l'Énergie ; Nations-Unies
Millions de tonnes de CO_2 par an
Evolution passée
Perspectives garanties
Utopie de l'ONU et de l'Union Européenne
40 000
35 000
30 000
25 000
20 000
15 000
10 000
5 000
0
1965
1970
1975
1980
1985
1990
1995
2000
2005
2010
2015
2020
2025
2030
2035
2040
2045
2050

POINT 1

Réalité et Utopie
Les émissions futures de CO_2

En prolongement de l'évolution passée des émissions mondiales de CO_2 qui résultent de l'usage par l'humanité des hydrocarbures fossiles que sont le charbon, le pétrole et le gaz naturel, la figure 1 trace deux évolutions diamétralement opposées de celles-ci pour les décennies à venir. La première correspond à la réalité, la seconde à une utopie.

« L'Accord de Paris » de 2015 présente un indéniable avantage : il engage tous les pays du monde à communiquer leurs prévisions d'émissions de CO_2 pour l'avenir. Et c'est en additionnant celles-ci que l'Agence Internationale de l'Énergie (AIE) a constaté que les émissions mondiales de CO_2 allaient nécessairement continuer à croître au cours des deux décennies prochaines, et sans doute plus tard encore. Il ne s'agit pas là d'hypothèses, mais de la prise en compte de la construction en cours ou prévue de centaines de centrales à charbon ou à gaz, de centaines de milliers de kilomètres de routes et d'autoroutes que parcourront des millions de camions et de voitures et que survoleront des dizaines de milliers d'avions, ainsi que de la réalisation de millions de logements et de dizaines de milliers d'usines sur le territoire des quelque deux cents pays qui composent le globe. Autrement dit, il s'agit de certitudes.

La seconde courbe, qui figure ici en pointillé, vise à la suppression des émissions de CO_2 d'ici le milieu du présent siècle. Elle correspond aux injonctions sans cesse réitérées des Nations-Unies et de leurs multiples prolongements qui conjurent l'humanité de renoncer aux hydrocarbures fossiles, comme en témoignent par exemple les déclarations du Secrétaire Général actuel Antonio Guterres en date du 2 décembre 2019 : « *C'est la bataille de nos vies. Le chemin de l'espoir, c'est la voie où les combustibles fossiles restent là où ils devraient être, c'est-à-dire dans le sous-sol, et où nous nous engageons sur la route de la neutralité carbone en 2050. Sans elle, nous sommes perdus…* ».

Or il s'agit là d'une utopie. De telles incantations n'ont pas la moindre chance d'être satisfaites puisqu'elles se heurtent au mur de la réalité. C'est pourtant là le langage que tiennent depuis plus de trois décennies les multiples instances internationales et nationales qui ont entre leurs mains le sort de la planète, et qui engagent ceux qui les croient à des dépenses aussi massives qu'inutiles, en même temps qu'ils procurent à la jeunesse du monde une vision profondément négative et infondée de l'avenir.

Il ne faut pas s'étonner des autres cris de désespoir de Greta Thunberg devant l'Assemblée Générale des Nations-Unies le 23 septembre 2019 : « *Vous avez volé mon enfance avec vos paroles creuses. Comment osez-vous affirmer que vous pouvez régler le problème sans rien changer sur le fond ? …* ».

On peut discuter de beaucoup de questions, et notamment de savoir si le changement climatique actuel est d'une nature différente de ceux qui l'ont précédé. On peut aussi se demander si les activités humaines et notamment l'exploitation des hydrocarbures fossiles et les émissions de CO_2 qui en découlent en sont responsables. Ce sont des questions légitimes.

Mais cela ne devrait pas empêcher de constater que nous ne pouvons pas avoir d'influence significative à leur égard, ce qui est la réalité que beaucoup ne veulent pas admettre. Lors de la réunion virtuelle qui a marqué le 12 décembre 2020 le cinquième anniversaire de « l'Accord de Paris », l'Inde et la Chine, comme de multiples autres pays, ont catégoriquement refusé de remettre en cause quoi que ce soit de leurs prévisions d'accroissement de leurs émissions de CO_2 au cours des années à venir, de telle sorte que le volume mondial de celles-ci va inéluctablement poursuivre sa croissance et non pas disparaître comme par magie. Ce n'est pas parce qu'ils ne plaisent pas que les faits ne sont pas les faits.

Le 31 Décembre 2020, date limite pour que les pays déposent leur nouvelles propositions volontaires (Nationally Determined Contributions ou NDC) cinq ans après « L'Accord de Paris », seuls 70 l'avaient fait sur 200, avec des chiffrages qui étaient dans l'ensemble identiques aux précédents. Seuls les pays européens qui ne représentent plus que 10 % des émissions mondiales persistent véritablement dans l'idée qu'ils pourraient atteindre un jour la « neutralité carbone ». Comment expliquer cet aveuglement devant les faits, si ce n'est par la surprenante puissance d'un sophisme qui affirme que la planète court à la catastrophe du fait des émissions de CO_2, et en déduit qu'il doit nécessairement être possible de supprimer celles-ci alors qu'il n'en est rien ?

2

Émissions de CO_2

Les riches et les pauvres

(énergies fossiles seules, millions de tonnes de CO_2 par an)

Source : BP Statistical Review, AIE, UE

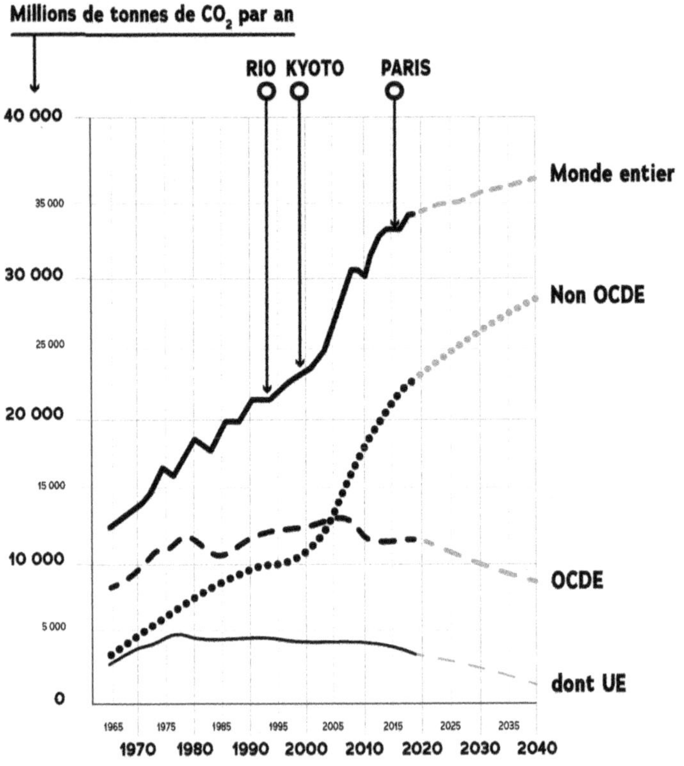

POINT 2

Les riches et les pauvres

Retraçant l'évolution des émissions mondiales de CO_2 depuis 1965 jusqu'à nos jours, la Figure 2 apporte l'explication de leur croissance ininterrompue.

Le monde est désormais scindé en deux. Certes, les pays développés peuvent maîtriser leurs émanations et même les réduire quelque peu, mais ce ne sont plus eux qui comptent. Les membres de l'OCDE représentaient en 1965 les trois quarts des émissions mondiales, alors qu'ils ne sont plus aujourd'hui qu'à l'origine d'un tiers de celles-ci, et compteront moins encore demain.

Si les pays développés recensent actuellement 1,3 milliard d'habitants, les nations en développement en comptent près de 6 et tout est là, qui explique que les incantations de réduction des émissions mondiales de CO_2 ne sont jamais suivies du moindre effet. Ni la convention de Rio, ni le protocole de Kyoto, ni l'accord de Paris, ni les innombrables « COP » qui réunissent chaque année des dizaines de milliers de participants qui ne mesurent d'ailleurs pas leurs propres émissions n'ont eu et n'auront le moindre impact face à la réalité des faits.

Si les émissions des pays ont crû si rapidement depuis l'an 2000, c'est à la Chine qu'elles l'ont dû. Mais l'Inde, le reste de l'Asie et l'Afrique n'entendent pas laisser à l'Empire du Milieu le monopole de la sortie de la pauvreté et de la mort, ni celui de l'accès à nos modes de vie.

Aujourd'hui, un Chinois utilise 4 fois plus d'hydrocarbures qu'un Indien, et émet en conséquence 4 fois plus de CO_2 que ce dernier, avec 6,9 tonnes par an et par habitant contre 1,7. Les conséquences en sont tragiques pour le sous-continent indien. Trois cents millions d'Indiens ne sont toujours pas raccordés à l'électricité, et des centaines de milliers d'entre eux, essentiellement des femmes et des enfants, meurent chaque année d'après les constats de l'OMS parce qu'ils sont contraints de faire la cuisine et de se chauffer avec des foyers domestiques toxiques alimentés par des végétaux sinon des excréments, véritables « barbecues de la mort ».

Disposant de vastes gisements de charbon pouvant lui procurer une électricité fiable et bon marché, et développant son économie à très vive allure hors temps de pandémie, l'Inde prendra le relais de la Chine au sein de la croissance à venir des émissions de CO_2 mise en lumière par les constats de l'Agence Internationale de l'Énergie.

La création souvent évoquée de « Taxes carbone » pour freiner le recours aux hydrocarbures ne pourrait changer le cours des choses. Les hydrocarbures que les uns ne consommeront pas le seront par les autres.

3

Europe : le mythe de la transition énergétique

Consommation d'énergie finale 2019

Source : Eurostat

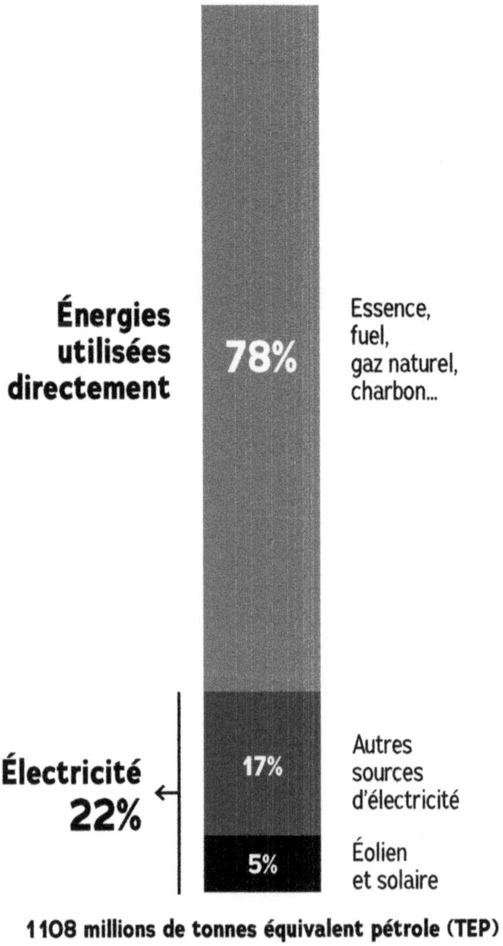

POINT 3

L'Europe et le mythe de la transition énergétique

Alors qu'elle est à l'origine de moins d'un dixième des émissions de CO_2 planétaires, l'Union Européenne est seule au monde à vouloir réduire les siennes et il est intéressant de voir quels résultats elle a obtenus, s'agissant de la partie du monde qui a consenti les efforts les plus massifs et coûteux pour s'engager sur la voie de la transition écologique.

Certes, les autres pays développés affirment également vouloir le faire mais les choses s'arrêtent là. Le Canada continue à exploiter les schistes bitumineux de l'Alberta, l'Australie ses gigantesques gisements de charbon qu'elle exporte pour alimenter par centaines des centrales électriques en Chine ou au Japon. Quant aux États-Unis, même après l'arrivée au pouvoir de Joe Biden, qui pourrait croire un instant que ceux-ci renonceront à exploiter le pétrole et le gaz de schiste dont les réserves suffisent à leur assurer pour un siècle une énergie étonnamment bon marché qui constitue un atout majeur de leur économie ?

Le 2 Décembre 2020, le Département de l'Environnement des Nations-Unies (PNUE ou UNEP), associé à de multiples partenaires écologiques et universitaires, publiait un communiqué désabusé. Selon les informations recueillies auprès des autorités nationales compétentes, la production cumulée d'hydrocarbures du Canada, de l'Australie, des États-Unis et de la Chine allait **s'accroître** en moyenne de 2 % par an d'ici 2030, en contradiction totale avec l'objectif de la disparition de ceux-ci en 2050 (*« Zero emission Target »*), qui aurait supposé qu'elle **s'effondre** de 6 % chaque année sans discontinuer. La Chine est désormais le premier constructeur au monde de voitures, de camions ou de navires, et entend bien le rester. Et la pandémie n'y changera rien. Les besoins en avions de la Chine en 2040 viennent de faire l'objet d'une nouvelle révision, à la hausse et non à la baisse…

Avec les Nations-Unies, l'Europe est seule au monde à ne pas avoir compris ce qu'était « l'Accord de Paris » de 2015. Celui-ci est un trompe-l'œil dont le seul « objectif » chiffré concerne la limitation de la hausse de la température terrestre d'ici la fin du siècle (1 degré ou ½ degré par rapport à son niveau de 2015), mais qui se garde bien de quantifier ce qu'il faudrait faire en matière d'émissions pour atteindre celui-ci. Au-delà d'incantations affirmant qu'il faut absolument réduire les émissions des gaz à effet de serre sans citer un seul chiffre, le mot CO_2 n'y figure pas une seule fois (!) car les pays en développement s'y sont catégoriquement opposés malgré les supplications de la France qui présidait, et « l'Accord de Paris » laisse chaque pays ou groupe de pays faire ce qu'il veut à sa guise, la seule obligation concrète étant de communiquer ses prévisions d'émissions pour les décennies à venir. C'est un vœu pieux.

Contrairement à ce que veulent faire croire les Nations-Unies, « l'Accord de Paris » est donc *de facto* un « Désaccord de Paris » entre les nations riches et les pauvres, qui autorise les pays en développement à accroître à leur guise leurs recours aux hydrocarbures et donc leurs rejets de CO_2, ce qui explique l'inéluctable évolution à la hausse des émissions mondiales passées et à venir.

Victime d'une omniprésente doxa, seule l'Europe ne l'a pas compris et inflige à son économie des dépenses gigantesques et inutiles de centaines de milliards d'euros d'argent public et privé, qui sont gaspillés dans le double et fallacieux espoir d'avoir une influence significative sur les émissions planétaires, et de servir *« d'exemple »* à un reste du monde qui se gardera bien de l'imiter, faute de disposer des moyens financiers nécessaires pour renoncer aux bénéfices des hydrocarbures fossiles seuls aptes à sortir leurs populations de la pauvreté et de la mort.

S'il fallait une preuve de l'aveuglément d'une Union Européenne qui croit pouvoir « sauver la planète », il suffirait de mettre en parallèle ses émissions annuelles (3,2 milliards de tonnes) dont la moitié est spontanément absorbée par la végétation et les océans et la masse de CO_2 aujourd'hui présente dans l'atmosphère (3 200 milliards de tonnes) sur laquelle elle ne peut clairement avoir la moindre influence significative.

Ceci n'empêche pas le vieux continent de sombrer parfois dans le ridicule. La Commission européenne s'était d'abord fixé l'objectif irréaliste d'une réduction de 40 % de ses émissions de CO_2 dès 2030 par rapport à son niveau de 1990, c'est-à-dire de 24 % par rapport à celui d'aujourd'hui, soit l'équivalent en une décennie de la diminution survenue depuis 1990 à la faveur de l'effondrement des émissions de l'Europe Centrale.

Mais le Conseil des Ministres Européen a voulu faire mieux. Le 11 Décembre 2020, il a porté l'objectif de réduction pour

2030 à 55 % par rapport à 1990, soit à 42 % par rapport à son niveau présent.

Encore faut-il ajouter que, ne voulant laisser à d'autres que lui le drapeau de l'écologie, le Parlement européen avait même adopté le 7 octobre l'objectif d'une réduction dès 2030 des émissions de CO_2 de 60 % par rapport à leur rythme de 1990, c'est-à-dire de pratiquement 50 % en regard de leur niveau présent. Bien entendu une telle division par deux en dix ans relève comme les autres de l'utopie.

C'est que, contrairement aux idées qui ont cours, les énergies renouvelables intermittentes ne peuvent satisfaire qu'une très faible partie des besoins. L'Europe a déjà dépensé 1 000 milliards d'euros pour couvrir des pans entiers de son territoire d'éoliennes et de panneaux solaires qui ne lui fournissent que 5 % de son énergie ! Et l'expérience allemande qui sera décrite ultérieurement permet de dégager deux enseignements fondamentaux quant aux 95 % restants.

Les énergies renouvelables intermittentes ne peuvent fournir au plus que la moitié de l'électricité d'un pays. Et elles ne peuvent répondre de manière réaliste à plus de 10 % de l'ensemble de ses besoins énergétiques finaux qui vont bien au-delà de l'électricité.

Car, pour transformer par le biais de l'hydrogène l'énergie électrique intermittente des éoliennes ou des panneaux photovoltaïques en électricité fiable ou en carburant, les coûts doivent être multipliés par cinq ou dix et deviennent si élevés qu'ils sortent du domaine de la réalité.

La seconde partie de cet ouvrage montrera par quels procédés le GIEC, émanation des Nations-Unies, a osé affirmer en 2011 sans la moindre preuve dans un rapport consacré aux énergies renouvelables (SRREN) que : « *ces dernières pourraient répondre en 2050 à 80 % des besoins en énergie de la planète* », alors que la réalité s'établit à 10 %. C'est ce rapport fondateur qui a induit et continue à induire la planète entière dans une erreur aux très lourdes conséquences.

Autrement dit, la transition écologique qui suppose que l'on se passe des hydrocarbures dans un avenir prévisible est un mythe.

4

Pétrole et gaz naturel

Production et Réserves prouvées (1)

Source : BP Statistical Review

Pétrole

Réserves prouvées
(Milliards de tonnes)

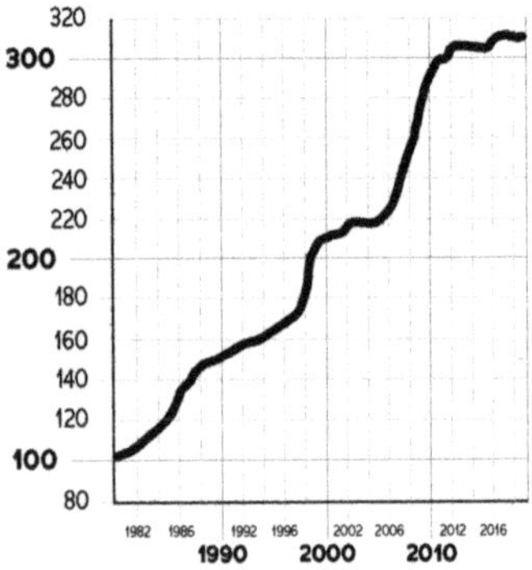

Production mondiale annuelle
(Milliards de tonnes)

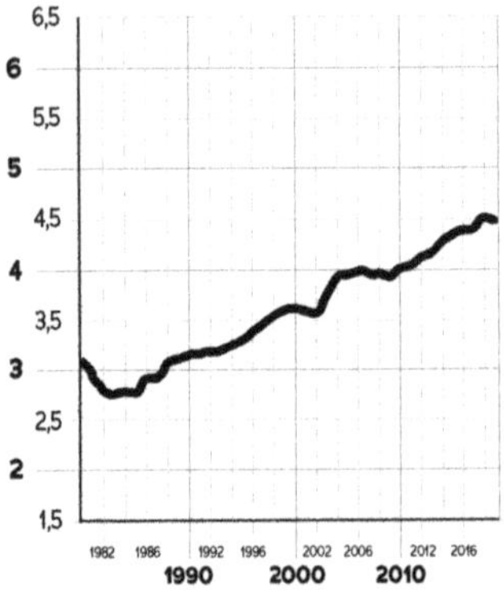

Gaz

Réserves prouvées
(Milliers de milliards de m³)

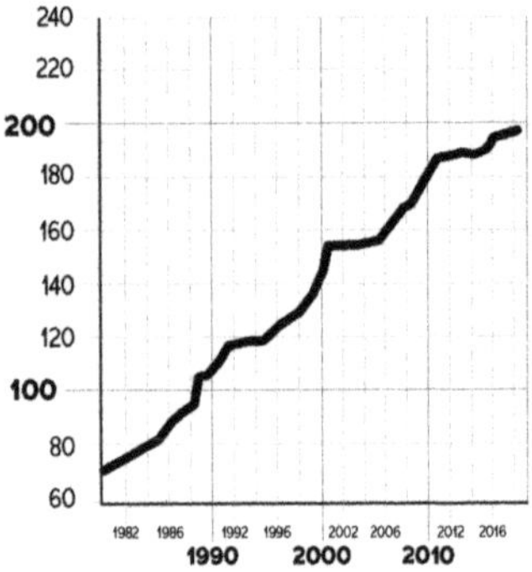

Production mondiale annuelle
(Milliers de milliards de m³)

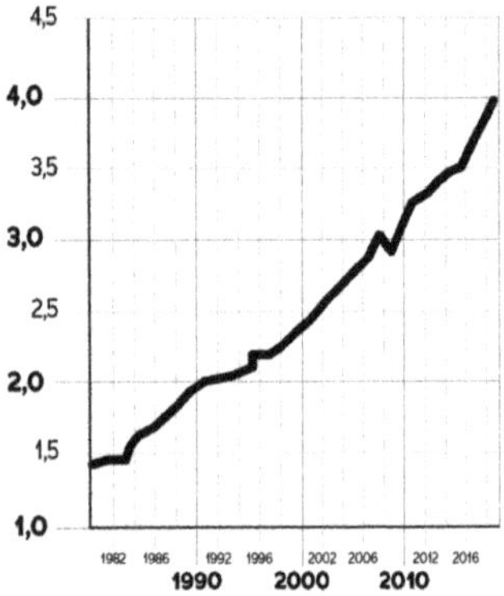

(1) Hors pétrole et gaz de shiste

POINT 4

Du pétrole pour combien de temps ?

En 1972, le célèbre rapport « *Les limites à la croissance* », dit du « Club de Rome » annonçait une mauvaise nouvelle. Il n'y avait dans le sous-sol de la terre que peu de pétrole, et les réserves seraient épuisées avant l'an 2000. Le retentissement fut immense et imprégna profondément les esprits qu'il marque encore. Il fallait de toute urgence se préparer à chercher des alternatives aux hydrocarbures fossiles et notamment au pétrole et au gaz naturel proche de lui. Une « transition énergétique » s'imposait.

Près d'un demi-siècle plus tard, les courbes qui figurent ci-joint témoignent que les choses ne se sont pas passées comme prédites par les « experts » du « Club de Rome », qui se sont révélés être membres de la grande cohorte de ceux pour qui l'avenir ne peut être que noir alors que les progrès de l'humanité n'ont jamais été aussi massifs et rapides.

Malgré les quantités considérables consommées au cours du demi-siècle écoulé, les réserves de pétrole dites « prouvées » n'ont cessé de croître au cours du temps, au point de représenter aujourd'hui près de soixante ans d'une consommation mondiale qui est pourtant bien supérieure à ce qu'elle était en 1972. Et la situation est la même pour le gaz naturel.

Encore ne faut-il pas se tromper. Les réserves dites « prouvées » ne représentent pas la totalité de celles sur lesquelles pourra compter l'humanité. Sans doute n'en représentent-elles pas le tiers. En effet, les sociétés pétrolières n'ont aucun intérêt à dépenser leurs capitaux pour procéder à des forages d'exploration dont elles n'auront pas besoin avant longtemps. De surcroît, deux innovations majeures ont vu le jour au cours des années récentes.

Grâce aux progrès des techniques d'extraction, il est tout d'abord possible de retirer d'un même gisement beaucoup plus de pétrole qu'autrefois au lieu de le laisser inutilement dans le sous-sol. En 1980, on évaluait les réserves les gisements norvégiens de la mer du Nord à 700 millions de tonnes. En 2019, environ 4 000 millions de tonnes avaient déjà été extraites, et on estime qu'il en reste au moins encore 1 200 millions de tonnes à exploiter.

Et il est impossible de passer sous silence la révolution qu'a constituée la potentialité de l'exploitation du pétrole et du gaz dits de schiste. Désormais, le pétrole et le gaz peuvent être extraits, non seulement des réservoirs qui constituent les gisements traditionnels, mais aussi la masse des roches-mères elles-mêmes, de telle sorte qu'il est impossible aujourd'hui d'évaluer les quantités dont l'humanité pourra disposer à l'avenir. En quelques années, les États-Unis où les techniques correspondantes virent le jour ont cessé d'être importateurs massifs et sont devenus les premiers producteurs mondiaux de pétrole et de gaz naturel dont ils évaluent désormais leurs réserves à un siècle au moins de leur consommation.

Certes, le pétrole et le gaz naturel contenus dans le sous-sol du globe et économiquement exploitables seront un jour épuisés. Mais tout laisse à penser que ce ne sera pas au cours du présent siècle, pendant lequel l'humanité pourra donc continuer à disposer d'une énergie abondante et exceptionnellement bon marché avant que, bien plus tard, d'autres sources viennent prendre la relève dans des conditions que nous ne pouvons imaginer aujourd'hui. C'était là déjà le thème de mon premier livre sur le sujet intitulé « L'énergie à revendre » et rédigé en 1982… Cette perspective se trouve en outre renforcée par le constat des progrès techniques. Les rendements des usines, des camions, des voitures, des avions s'améliorent sans cesse. De 1973 à 2019, la consommation mondiale de pétrole a été multipliée par 1,6 seulement alors que le PIB l'a été par près de 4. Quant à l'idée que l'humanité puisse laisser inutilisées dans le sous-sol les énergies fossiles qui ont assuré à la population des pays développés sa prospérité et continuent à le faire, et qui seules peuvent permettre à ceux qui souffrent ailleurs dans le monde de la pauvreté de sortir de celle-ci et de connaître un sort meilleur, elle est contredite par le comportement de tous les pays à l'exception de l'Union Européenne.

Oui, les énergies fossiles seront un jour manquantes. Mais pas avant la fin du XXIe siècle au plus tôt, et vouloir l'anticiper conduit à de lourds gaspillages dont souffrent d'abord les plus défavorisés de la planète.

Laissons par exemple à nos successeurs du XXIIe siècle le soin d'exploiter, par la végétation ou autrement, l'énergie solaire presque illimitée dont disposent les régions équatoriales et tropicales du globe.

5

Histoire du CO_2 depuis 600 millions d'années

Concentration dans l'atmosphère en parties par millions (ppm)
et masse en milliards de tonnes

Source : Berner, Science, 1997

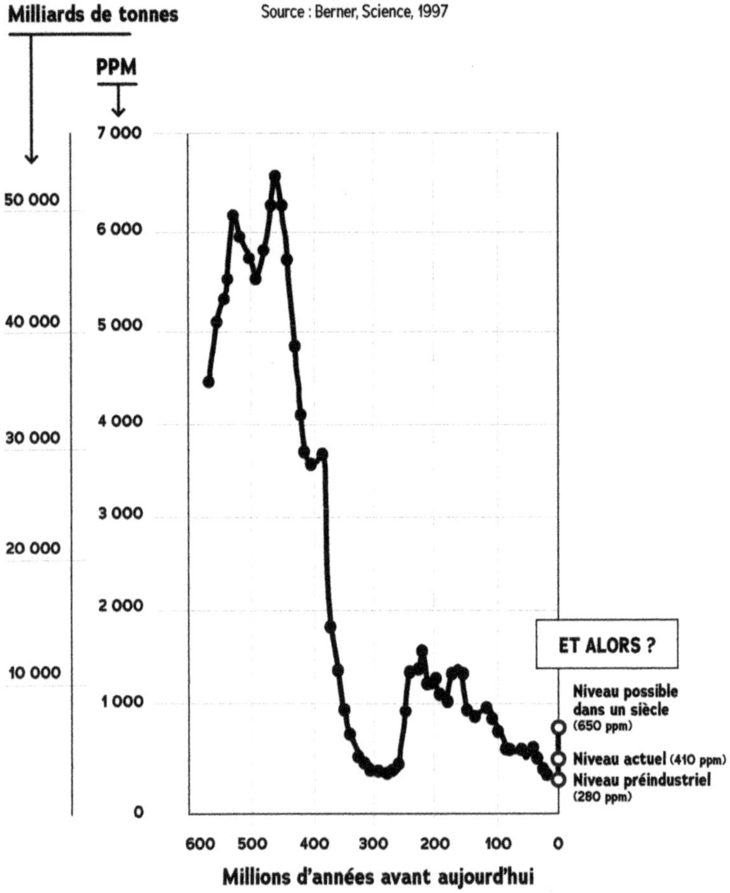

POINT 5

Le CO_2, catastrophe ou bienfait ?

La concentration de CO_2 dans l'atmosphère terrestre est donc appelée à croître. Deux questions viennent alors à l'esprit. Jusqu'à quel niveau cet accroissement se poursuivra-t-il ? Quels seront alors les risques éventuels pour la planète et ses hôtes ?

Quelques chiffres sont nécessaires pour répondre à la première question.

Depuis le début de l'ère industrielle au XIXe siècle, et du fait de l'usage par l'humanité du pétrole, du charbon et du gaz naturel, la quantité de CO_2 présente dans l'atmosphère s'est accrue de près de 50 %, passant de 2 200 à 3 200 milliards de tonnes, soit de 280 à 410 « parties par millions » (ppm) pour parler le langage des spécialistes, comme en témoignent les relevés de l'observatoire de Mauna Loa aux îles Hawaii qui font référence.

Au cours des deux dernières décennies, la masse du CO_2 atmosphérique s'est ainsi accrue au rythme annuel de 20 milliards de tonnes, soit de 2,6 ppm par an. Si les choses poursuivent leur cours pendant un siècle, on peut donc estimer, à titre d'ordre de grandeur, que ce sont 2 000 milliards de tonnes de CO_2 supplémentaires qui viendront s'ajouter dans l'atmosphère à celles qui y sont aujourd'hui présentes, portant leur total à 5200 milliards de tonnes environ et leur concentration à 650 ppm.

Faut-il alors craindre la catastrophe? La doctrine officielle l'affirme, mais deux constats sont plutôt rassurants.

Tout d'abord, ces chiffres ne doivent pas faire peur. Celui de 650 ppm peut impressionner, mais il s'agit de parties par *million*. Autrement dit, il correspond à 0,065 %, soit à moins d'un millième des molécules de l'atmosphère, ce qui est clairement très peu. À titre d'image, il s'agirait de 6 à 7 personnes dans un stade de 10000 places.

Mais surtout, une telle concentration reste très faible à côté de celles qu'a connues l'histoire de la planète et que retrace le graphique ci-joint. Jamais dans son histoire l'atmosphère terrestre n'avait eu en son sein une présence de CO_2 aussi réduite qu'au cours des millénaires précédents l'ère actuelle. Certes l'accroissement a été depuis lors de près de moitié, mais la concentration reste particulièrement réduite à l'aune des temps passés. Et même si elle atteignait dans un siècle le taux évoqué ci-dessus, rien ne conduit à penser qu'il en résulterait une catastrophe, car celle-ci serait encore bien plus modeste que celles du passé, ce qui conduit à poser une simple question : « Et alors ? ».

Du temps des dinosaures, il y avait quatre fois plus de CO_2 sur terre et la vie prospérait sans que les températures moyennes atteignent les quelque cinquante degrés qu'indiquent les modèles du GIEC pour de telles concentrations ! Et la végétation était bien plus exubérante qu'aujourd'hui avec des arbres gigantesques et des fougères géantes. C'est d'ailleurs à celle-ci que nous devons la présence dans le sous-sol du charbon, du pétrole et du gaz naturel dont nous bénéficions aujourd'hui.

De plus, l'accroissement actuel de la présence du CO_2 dans l'atmosphère terrestre présente d'indiscutables avantages car il a un effet bénéfique certain en participant à l'augmentation des rendements agricoles. Lorsque des agriculteurs veulent accélérer la croissance des fruits ou des fleurs qu'ils cultivent dans des serres, il est bien connu qu'ils y injectent du CO_2 pour porter sa teneur aux environs de 1 000 ppm, et ceci sans aucun inconvénient pour les ouvriers agricoles qui y travaillent.

Nous sommes aujourd'hui très loin de 1 000 ppm, mais c'est un peu ce qui se passe de nos jours à l'échelle de la planète. Pendant que la concentration de CO_2 dans l'atmosphère s'accroissait de près de 50 % au cours des décennies récentes, la production mondiale de céréales quadruplait de 1960 à nos jours, passant de 750 millions de tonnes par an à 3 milliards. Bien entendu, la hausse de la teneur de l'atmosphère en CO_2 n'en est pas la seule cause, mais elle y a joué un rôle certain et ainsi contribué puissamment à la lutte contre la faim dans le monde. Quant aux photos prises par les satellites, elles montrent une planète de plus en plus verte, vérité peu connue.

S'agissant enfin de l'impact possible sur le climat et la température terrestres de l'accroissement des concentrations de CO_2 actuellement en cours, il mérite un examen attentif qui fera l'objet des pages suivantes.

6

Climat : l'Évolution passée

Changements de température depuis 450 000 ans

(Source : Epica)

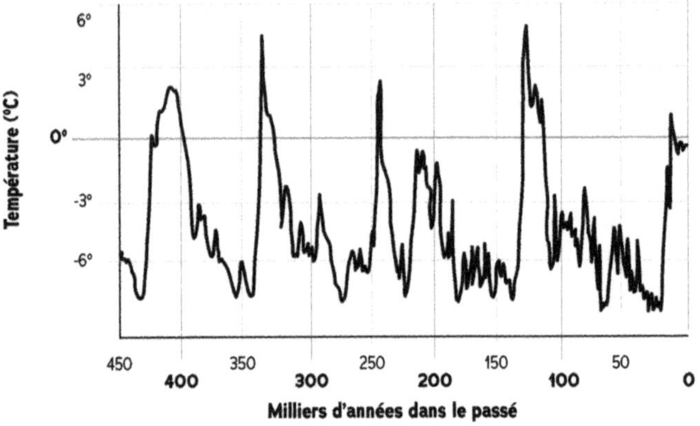

Variations de température depuis 11 000 ans

Source : Schönwiese 1995

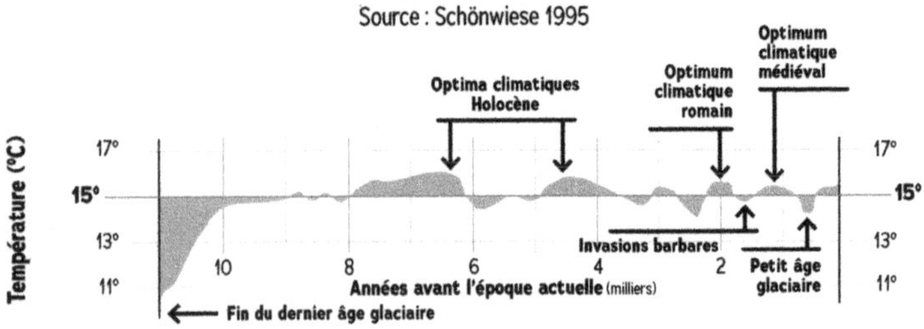

Fluctuations de température depuis 1880

Source : Hadcrut

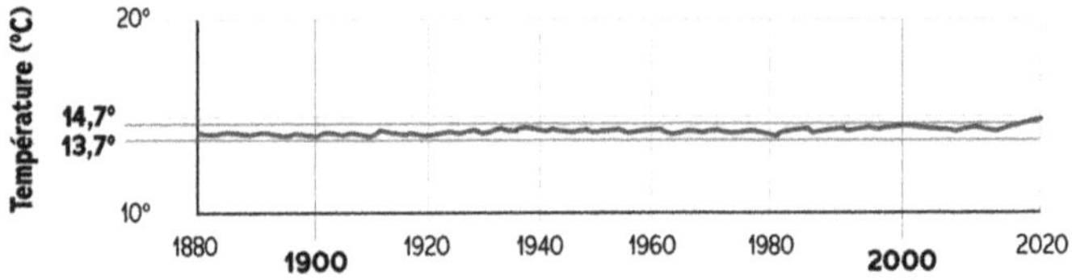

POINT 6

Le climat : l'évolution passée

Le fait que le climat change actuellement n'est pas discutable, mais l'examen du passé montre qu'il a toujours changé, et souvent beaucoup plus qu'aujourd'hui.

Si l'on se limite aux cinq cent mille années qui ont précédé notre époque et qui sont bien connues par les forages effectués dans la calotte glaciaire du Groenland et dans celle de l'Antarctique, il apparaît que ces temps lointains ont connu des alternances de longues périodes glaciaires et de courtes périodes dites interglaciaires, telles que celle qui a commencé il y a environ 12 000 ans et que nous avons la chance de vivre. Et les variations des températures moyennes entre les unes et les autres étaient de l'ordre de plus de 10 degrés.

S'agissant de la propre période interglaciaire que nous vivons, celle-ci a connu elle-même des variations marquées, quoique de bien moindre ampleur car n'excédant pas 2 degrés pour leur température annuelle moyenne. L'époque romaine a ainsi bénéficié d'un « *optimum climatique* » suivi d'un refroidissement marqué à l'époque des invasions dites barbares. Quant au millénaire le plus récent, les historiens s'accordent pour constater qu'il a d'abord connu une période chaude qualifiée *« d'optimum médiéval »*. Caractérisée par d'abondantes récoltes, celle-ci a notamment permis l'édification des cathédrales et des châteaux qui constellent le sol de l'Europe.

Mais, à partir de 1 350 environ, un *« petit âge glaciaire »* lui a succédé, marqué à la fois par de grandes pandémies et de grandes famines, telles que celle qui, d'après l'historien Leroy Ladurie provoqua deux millions de morts, parmi les enfants notamment, à la fin du règne de Louis XIV au cours duquel la mer elle-même gelait régulièrement. Un siècle plus tard, en 1795, la cavalerie du Général Pichegru, futur « Sauveur de la patrie », ne prit-elle pas encore d'assaut la flotte hollandaise bloquée par les glaces au Helder, exploit qui reste sans précédent ni successeur !

Mais, depuis le milieu du XIXe siècle, la Terre se réchauffe à nouveau, et la communauté scientifique s'accorde à constater que la température terrestre a gagné environ 1 degré depuis un siècle et demi, et que la hausse se poursuit actuellement à une vitesse guère supérieure. Si les choses se poursuivent au rythme observé par les satellites depuis 40 ans, la hausse n'excédera pas 1,2 degré d'ici 2100.

Il s'agit de surcroît d'une hausse moyenne, et qui n'empêche pas certaines parties du globe de connaître des évolutions différentes, ce qui est par exemple le cas de l'Europe du Nord où l'élévation a été plutôt de 2 degrés contrairement à l'Amérique du Nord où elle a été plus faible.

De toutes manières, ces variations demeurent infimes en regard de celles du temps passé. 1 degré en 170 ans, cela représente en moyenne moins d'un dixième de degré par décennie, alors que la différence de température moyenne entre Lille et Marseille est de 5 degrés, sans même parler de Dakar et de Stockholm !

En outre cet accroissement n'a rien eu de régulier : hausse de 1850 à 1900 ; baisse de 1900 à 1910 ; hausse de 1910 à 1940 ; baisse de 1940 à 1975 ; hausse de 1950 à 2000 ; stagnation de 2000 à 2015 ; hausse depuis 2015, chacun de ces mouvements restant mineur et confiné dans d'étroites limites, et sans rapport avec la variation du CO_2 atmosphérique

Quant à elles, les fluctuations d'une année sur l'autre, qui donnent si souvent lieu à l'annonce de records, se chiffrent en quelques dixièmes de degré ! S'il n'est pas question de nier le très léger accroissement enregistré depuis le milieu du XIXe siècle, au demeurant bénéfique pour l'essentiel de l'humanité, il demeure donc très faible à l'aune des temps écoulés.

Et surtout, rien ne garantit que la hausse se poursuive, tant les fluctuations dans les deux sens ont été la règle dans le passé, la température terrestre moyenne ayant par exemple stagné pendant plus de dix ans après l'an 2000 et jusqu'à 2015.

À l'issue de cette brève description des temps passés, une question vient spontanément à l'esprit : la hausse enregistrée depuis plus d'un siècle et demi a-t-elle un lien avec celle de la concentration en CO_2 constatée dans l'atmosphère terrestre comme l'affirment les Nations-Unies et leur émanation politique le GIEC, ainsi que l'unanimité des organismes officiels ?

La réponse ne paraît pas évidente.

Les grands changements du climat du passé lointain n'ont en effet jamais été précédés de variations de la présence du CO_2 atmosphérique. Celle-ci est notamment restée constante au cours des deux millénaires récents qui ont connu l'alternance des périodes chaudes et froides rappelées ci-dessus et qu'il est donc impossible d'attribuer aux activités humaines et au CO_2.

De surcroît, plus de la moitié de la hausse de 1 degré de la température terrestre moyenne constatée depuis le XIXe siècle s'est produite avant 1950, alors que les dégagements massifs de CO_2 n'ont véritablement commencé qu'après cette date.

On comprend donc que de nombreux scientifiques doutent de la responsabilité du CO_2 au sein de l'évolution des températures comme en témoigne une déclaration récente signée par plus de 1 000 d'entre eux et adressée au Secrétaire Général des Nations-Unies pour montrer que la communauté scientifique n'était en rien unanime comme aiment à le répéter les tenants de la position officielle (réf. CLINTEL).

Il faut enfin rappeler que l'essentiel n'est pas là. Il est de constater que l'accroissement de la teneur en CO_2 de l'atmosphère est inéluctable car les pays en développement ne peuvent se passer des hydrocarbures fossiles pour sortir de leur pauvreté et connaître enfin un sort meilleur.

Autrement dit, même si les variations actuelles du climat avaient un rapport avec la hausse des concentrations du CO_2 atmosphérique, ce qui ne paraît pas résulter des enseignements du passé, nous n'y pouvons rien et il faut l'admettre et ne pas gaspiller nos ressources dans l'illusion de pouvoir modifier le cours des choses.

7

« Prévisions » d'évolution de la température

Les 245 scénarios du GIEC (2001)

(Degrés au-dessus de 1990)

Source : Troisième rapport du GIEC, groupe n°1, figure 9-14, p. 555

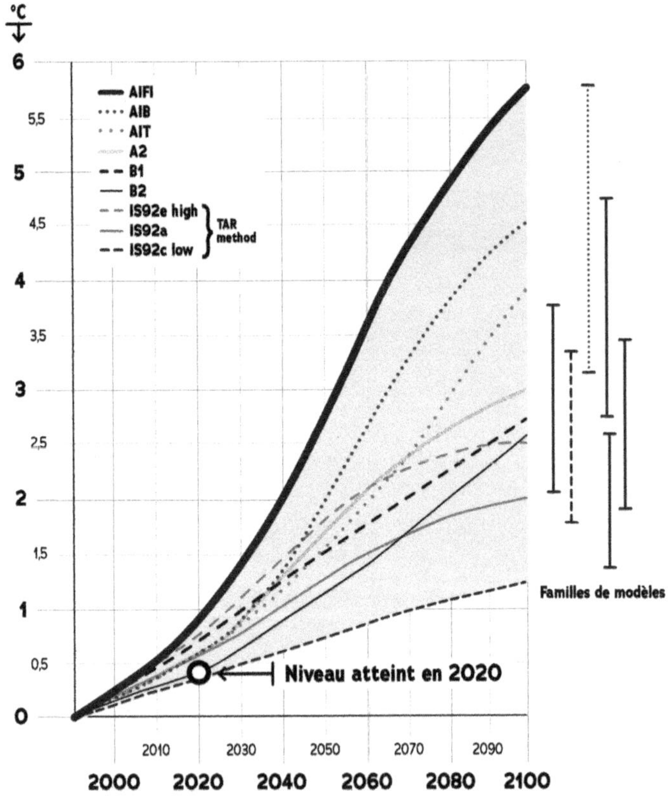

POINT 7

Le climat futur : le premier mythe fondateur

À l'issue des pages précédentes, rien n'apparaît de particulièrement inquiétant, qu'il s'agisse de l'évolution de la concentration de CO_2 qui reste très faible à l'égard de celles du passé, ou des fluctuations récentes de la température. Il convient donc de se demander d'où provient le sentiment répandu que la planète se dirige vers la catastrophe.

La réponse vient du 3e rapport du GIEC, publié en 2001, et plus précisément du graphique ci-joint qui le résume.

Peu auparavant, le GIEC avait lancé une très vaste consultation, ouverte à toutes les équipes scientifiques du monde qui souhaitaient y participer, de telle sorte que plus de trois cents d'entre elles y répondirent en lui adressant leur propre estimation de l'évolution de la température terrestre jusqu'en 2100. Après avoir éliminé celles qui prévoyaient un réchauffement inférieur à 1 degré ou nul car elles auraient semé le doute, le GIEC retint 245 de ces réponses qui dressent un très large éventail puisque les prévisions de hausse pour la fin du siècle s'étagent de 1,4 à 5,8 degrés ! Le moins qu'on puisse dire est qu'elles divergent complètement et qu'il n'existe aucune « unanimité » entre elles, contrairement aux assertions qui ont cours.

Une approche scientifique aurait voulu que ces 245 scénarios fassent ensuite l'objet d'un examen approfondi, et que le GIEC en déduise celui qui lui paraissait le plus probable. Mais il n'en fut rien, pour deux raisons différentes.

Tout d'abord le nombre même des scénarios retenus en rendait évidemment impossible tout examen sérieux. Pour se faire une opinion, il aurait fallu que chaque scénario soit individuellement étudié et scruté par une équipe compétente et que ses auteurs soient consultés pour répondre aux questions qui se seraient nécessairement posées à l'égard des hypothèses retenues, avant qu'une opinion valable puisse être dégagée quant à sa validité. Un tel processus, qui demande des moyens humains et du temps, aurait pu être mis en œuvre pour une demi-douzaine de scénarios, mais évidemment pas pour 245. Si le GIEC avait voulu agir scientifiquement, c'est d'ailleurs ainsi qu'il aurait procédé, en consultant seulement un nombre restreint d'équipes scientifiques de haut niveau à l'expertise reconnue afin de pouvoir se prononcer sur l'évolution la plus probable de la température terrestre d'ici 2100.

Mais aucun scénario ne fit l'objet d'un examen quelconque, car ce n'est pas du tout ce que voulaient les responsables d'alors du GIEC, qui ne diffèrent d'ailleurs pas de ceux de l'époque présente. Le but poursuivi était double et très différent.

Il fallait d'une part pouvoir faire figurer le plus grand nombre possible de signatures sur les rapports de milliers de pages qui seraient publiés, afin de pouvoir affirmer que toute la communauté scientifique mondiale avait été consultée et était unanime, et que ceux qui s'opposeraient ensuite aux prises de position ultérieures du GIEC ne pourraient pas être pris au sérieux. C'était là un processus de travestissement de la réalité qui n'avait rien de nouveau dans l'Histoire.

Mais l'essentiel n'était pas encore là. En laissant ouvert l'éventail des températures prévues, il serait possible de focaliser l'attention sur une seule d'entre elles, la plus élevée, en affirmant que *« les scénarios retenus envisageaient des hausses pouvant aller jusqu'à 5,8 degrés »*, ce qui ferait le titre du communiqué de presse du GIEC et occulterait partout dans le monde toutes les autres estimations.

Et c'est exactement ce qui se produisit. Voici ce qu'écrit Christopher Booker dans son ouvrage *« The real global warming disaster »* qui connut à l'époque un grand succès dans le monde anglo-saxon, sans qu'il en résulte d'ailleurs le moindre changement du comportement des organismes en cause.

« Un auteur principal (lead author) du rapport 2001 du GIEC fut Stephen Schneider, climatologue éminent de l'Université Stanford et membre de l'Académie Américaine des Sciences, et il en dénonça vigoureusement les conclusions. Dans un article de la revue Nature, il mit en évidence le mécanisme par lequel le « Résumé à l'intention des décideurs » de l'époque avait acquis une publicité mondiale. Ainsi que l'expliqua Schneider, les ordinateurs des multiples équipes sollicitées par le GIEC avaient élaboré pas moins de 245 différents « scénarios » quant à la réaction du climat au cours du XXIe siècle pour différentes concentrations du CO_2. Ces modèles avaient prévu pour 2100 un éventail d'élévation de la température du globe allant de 1,4 à 5,8 degrés. La plupart envisageaient 2 à 3 degrés ou moins. Et il n'y en avait presqu'aucun allant au-delà de 5°... Mais, ce fut le seul scénario qui prévoyait un accroissement apocalyptique de près de 6° qui fit la une de tous les journaux du monde. Et personne ne sait sur quelles bases il repose ».

C'est ainsi que naquit la légende partout reprise depuis lors d'une élévation possible de 6 degrés de la température du globe à la fin du présent siècle conduisant à une catastrophe. Et si l'on parle aujourd'hui plutôt de 4 ou 5 degrés, c'est toujours sans la moindre justification puisqu'aucun des scénarios cités n'a jamais été audité.

Quant à Frederick Seitz, ancien Président de l'Académie Américaine des Sciences, il déclara au sujet du GIEC : « *Au cours de mes 60 ans de carrière, je n'ai jamais vu de corruption aussi bouleversante de la science...* ».

Car un dernier argument s'ajoutait aux précédents. Il existait à l'époque tout au plus cinq ou six équipes dans le monde qui méritaient le titre de « climatologues ». La climatologie est en effet une science d'une extrême complexité mettant en jeu de multiples disciplines : astrophysique ; dynamique de l'atmosphère ; chimie, océanographie, glaciologie ; volcanologie ; géophysique ; biochimie ; biologie, informatique, etc. Seule l'addition du savoir de chacune de ces disciplines permet d'obtenir une compréhension globale de l'histoire du climat, ainsi que de faire des projections valables pour prédire statistiquement son évolution. Qui avait donc élaboré la quasi-totalité des 245 scénarios ? La réponse est : n'importe qui ou presque. Tous les laboratoires et les universités du monde pouvaient transmettre leur prévisions même s'ils ne disposaient d'aucun département de climatologie. Il leur suffisait d'élaborer des « modèles » simplistes supposant tous que le CO_2 était le seul responsable des variations du climat, et de faire jouer des ordinateurs en y insérant les hypothèses de leur choix.

Et ceux qui le faisaient étaient immédiatement qualifiés par le GIEC pour leur plus grande fierté « d'éminents climatologues » alors que ce n'était en rien leur spécialité. Car l'important était de « faire nombre », pour pouvoir faire figurer sur les rapports du GIEC des centaines voire des milliers de noms censés cautionner ceux-ci et destinés, avec l'intitulé de leur Université, à rendre impossible toute contestation. Et cette forfaiture a remarquablement réussi.

Depuis cette date, on ne compte plus les milliers de déclarations des plus hauts responsables des Nations-Unies et de toutes les institutions internationales et nationales qui répètent à satiété que le GIEC avait *prouvé* que l'élévation de la température terrestre menaçait dramatiquement les équilibres de la planète, que *« la science avait parlé »*, et que ceux qui niaient cette évidence ne pouvaient être que des esprits déviants sinon malfaisants, alors même que le procédé retenu par le GIEC n'avait rien à voir avec la science, mais tout avec la manipulation.

Il faut se rendre à l'évidence. L'affirmation que la terre se réchauffe dangereusement et s'achemine vers une hausse massive de sa température à la fin du siècle ne repose sur rien. RIEN. Mais qui va consulter la page 555 du rapport 2001 du GIEC, pourtant accessible à tous sur internet ? Personne bien sûr, et la manipulation a remarquablement réussi.

Le GIEC a ainsi reçu en 2007 le Prix Nobel de la paix, décerné par cinq Norvégiennes n'ayant aucune compétence en sciences. Et chacun se souvient de la déclaration de Jacques Chirac à Johannesburg dès 2002 : *« Notre maison brûle et nous regardons ailleurs »*. Pour sa part Tony Blair renchérissait : *« Le désastre arrive. Si nous ne réagissons pas immédiatement, les conséquences seront irréversibles... »*. Le Secrétaire Général des Nations-Unies Ban Ki Moon ajoutait en 2008 : *« Les choses sont claires. Le GIEC nous l'a dit. Nous nous dirigeons vers une hausse de six degrés... »*.

Le Prince Charles lui-même prédit chaque année l'apocalypse et continue à le faire. L'énumération pourrait être sans fin, émanant des plus respectables personnalités de la planète, parmi lesquelles plus récemment le Pape François. Tous croient en ce qui s'apparente à une nouvelle religion, celle de la nocivité de l'homme.

De nos jour Bill Gates est à son tour tombé dans le panneau, faute d'avoir vérifié les sources de la doxa climatique.

Comme l'indique le graphique, il n'y a guère que la planète elle-même qui reste obstinément « climato-sceptique », et refuse de suivre le cours des choses annoncé par le GIEC.

8

Émissions de CO_2

Les 164 scénarios du GIEC (2011)

Idéologie et réalité

Source : Rapport 2011 SRREN du GIEC (fig. 10-01), p. 802

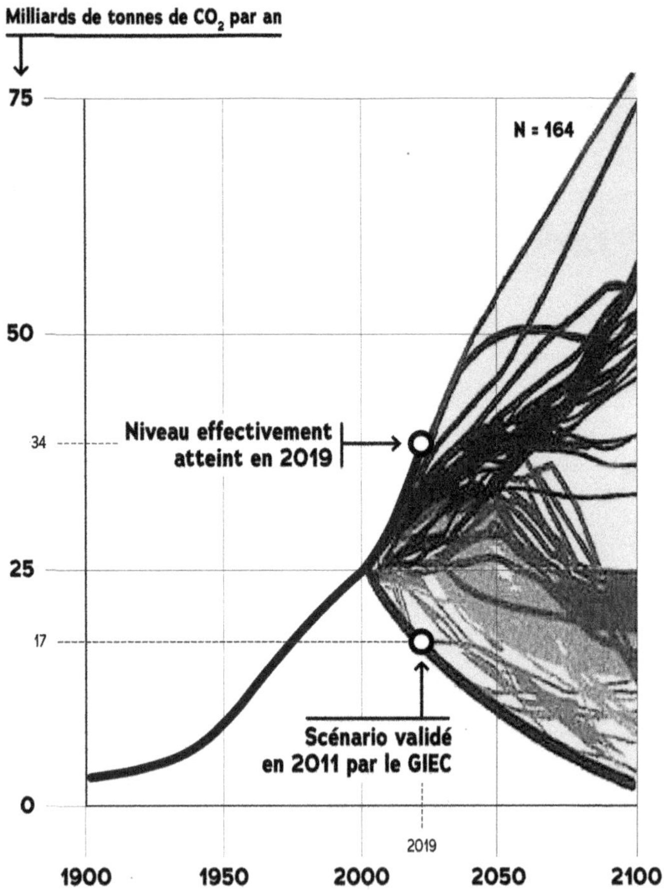

POINT 8

Le second mythe fondateur
Comment transformer 10 % en 80 %

Lorsqu'une démarche a été couverte de succès et que l'on se trouve confronté à un problème voisin, il est tentant de la reproduire et le GIEC n'a pas résisté à la tentation. On a vu comment, sans la moindre preuve, et sans avoir fait la lumière sur un seul des scénarios qui lui avaient été communiqués, celui-ci avait réussi en 2001 à ancrer dans l'opinion mondiale la conviction d'une hausse massive et inéluctable de la température terrestre, en lui faisant croire que cette prévision découlait d'une démarche scientifique alors qu'il s'agissait d'une parodie de ce qu'aurait dû être celle-ci.

Dix ans plus tard il lui fallait achever la tâche. Certes l'opinion mondiale était désormais convaincue que l'accroissement de la teneur en CO_2 de l'atmosphère résultant de l'usage des énergies fossiles était profondément nocif et qu'il fallait y mettre fin, mais encore fallait-il offrir une solution de remplacement car nul ne pouvait imaginer qu'il soit possible à l'humanité de se passer d'énergie. Certes, depuis longtemps déjà, les tenants de l'idéologie en vogue connaissaient la réponse ; il appartiendrait aux énergies renouvelables « vertes » qu'étaient le vent et le soleil de progressivement remplacer le charbon, le pétrole et le gaz à l'origine de nos maux. Encore fallait-il prouver que c'était là chose possible, et c'est à cette fin qu'en 2009 le GIEC prit l'initiative de renouveler à l'identique la manœuvre qui lui avait si bien réussi dix ans plus tôt. Un vaste appel mondial fut lancé, et tous ceux qui le souhaitaient furent invités à communiquer leur propre scénario d'évolution dans le temps, non pas cette fois de la température terrestre, mais du volume des émissions de CO_2 en fonction de leurs prévisions de l'accroissement du rôle des énergies renouvelables au sein de la consommation énergétique de la planète. Il était clair que, plus ce rôle serait élevé, moins les émissions de CO_2 seraient importantes. Le rapport correspondant porterait le nom de SRREN (Special Report on Renewable Ernergies and Mitigation of Climate Change).

À l'issue des travaux le GIEC, réitérant sa démarche de 2001, ne retint pour sa communication qu'un seul des 164 scénarios qui lui avaient été soumis, le seul qui lui permettait d'affirmer contre toute vérité : *« Les Énergies renouvelables pourraient répondre en 2050 à près de 80 % des besoins énergétiques de l'humanité »*. Or, comme on l'a vu, les énergies renouvelables intermittentes que sont l'éolien et le solaire ne peuvent répondre tout au plus qu'à la moitié des besoins en électricité de tout pays du fait de leur intermittence, et l'électricité ne représente elle-même partout qu'environ un cinquième de la consommation énergétique finale, de telle sorte que les énergies renouvelables ne peuvent répondre en réalité qu'à 10 % des besoins en énergie de la planète et non 80 % !

Comme on le verra plus loin (point 10) il est en effet économiquement impossible de transformer l'électricité en un produit tel que l'hydrogène qui pourrait se substituer au pétrole, au gaz naturel ou au charbon, qui resteront donc indispensables à l'humanité.

Le premier chapitre de la seconde partie de ce livre décrira plus en détail comment s'est déroulée cette stupéfiante manipulation qui a réussi cette fois-ci à ancrer dans l'opinion mondiale l'idée qu'il serait possible de se passer d'hydrocarbures dans un avenir prévisible, ce qui explique tout autant les propos d'Antonio Guterres que ceux de Greta Thunberg, précédemment cités.

Il existe toutefois une différence très importante entre les évènements de 2001 et ceux de 2011. Dans le premier des cas, on ne sait pas qui a inventé le scénario affirmant que la température du globe pourrait s'accroître de 5,8 degrés d'ici la fin du siècle. Dans le second, l'auteur du seul scénario affirmant contre tous les autres et toute vraisemblance que les énergies renouvelables pourraient répondre à 80 % des besoins en énergie de la planète est parfaitement connu. Comme on le verra, il s'agit du Dr Teske, représentant officiel de Greenpeace, stipendié de surcroît par le lobby allemand de l'industrie photovoltaïque. La manœuvre du GIEC est donc claire : toute l'opération « SRREN » a été un coup monté avec la complicité de Greenpeace pour faire accroire qu'il serait possible de se passer des hydrocarbures fossiles, et que ceux-ci soient remplacés par les énergies renouvelables intermittentes. Le succès a été remarquable et il a dépassé toutes les espérances. Depuis cette date, les investissements mondiaux en faveur de ces dernières ont excédé 3 000 milliards inutiles de dollars acquittés par les consommateurs des différents pays sur leurs factures d'électricité, pendant que les émissions mondiales de CO_2 continuaient à augmenter.

9

Les énergies renouvelables et le mythe de la neutralité carbone

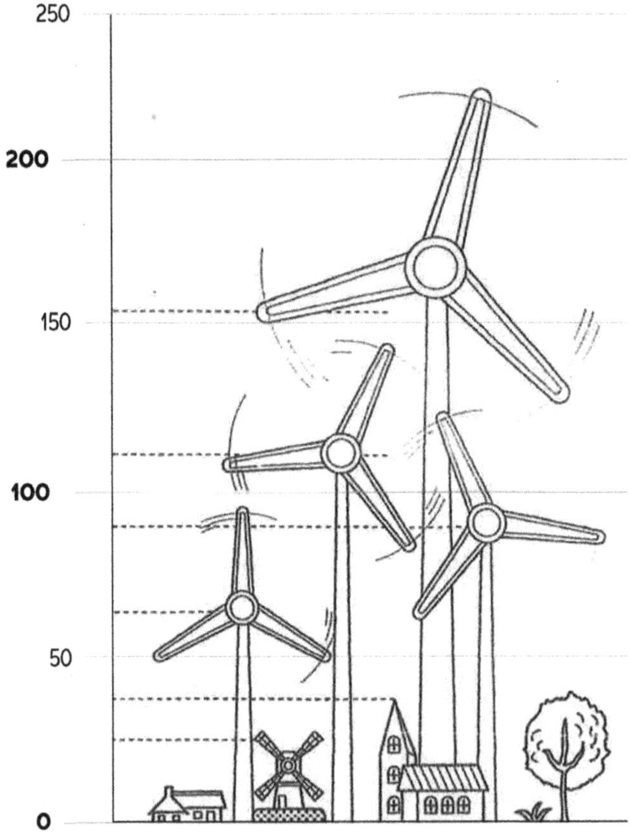

Les éoliennes et le paysage traditionnel

Source : Rapport de l'Académie des Beaux-Arts sur les éoliennes

POINT 9

L'utopie de la « neutralité carbone »

Lors du 5e anniversaire de « l'accord de Paris » de 2015, plus de la moitié des pays du monde, au premier rang desquels ceux de l'Union Européenne unanimes, prirent le plus étrange des engagements. En 2050, ils atteindraient la « neutralité carbone », et ce serait également là le but fixé à l'humanité entière.

À priori, le vocable est sympathique. À cette époque lointaine, la masse du CO_2 atmosphérique cesserait de s'accroître puisque c'est elle qui véhicule l'atome de carbone en cause. Mais comment atteindre cet objectif louable dans l'esprit de ses promoteurs? Puisque personne ne suppose que l'humanité revienne à l'âge de pierre, il n'existe que deux méthodes envisageables.

La première suppose tout d'abord que l'humanité continue à avoir recours aux hydrocarbures fossiles, mais retire ensuite de l'atmosphère le CO_2 émis lors de leur usage grâce à des « puits de CO_2 » mentionnés depuis 30 ans dans tous les documents produits par le GIEC et les autres organismes émanant des Nations-Unies. Il n'y a qu'un problème : à l'exception de la végétation et des océans, de tels « puits » sont une vue de l'esprit. Ils n'existent pas et n'existeront jamais.

Dans le vocable onusien, les dispositifs correspondants, qui portent le nom de CCS (Carbon Capture and Storage), auraient pour but de capter le carbone, c'est-à-dire le CO_2, puis de le stocker ensuite quelque part dans le sous-sol de la planète, ce qui se heurte à deux obstacles majeurs.

Tout d'abord le CO_2 n'est présent qu'en quantités infimes dans l'atmosphère dont il constitue moins d'un demi millième, et il n'existe aucun moyen technique réaliste de l'en extraire. La captation souhaitée du CO_2 n'est donc envisageable qu'à l'endroit même où il est produit, ce qui exclue évidemment toutes les sources mobiles – voitures, camions, bateaux, avions – que l'on voit mal être équipées de tuyaux de récupération de CO_2...

Mais, même lorsqu'il s'agit de sources fixes, la récupération du CO_2 est vouée à l'échec par sa complexité et le coût prohibitif qu'elle implique. Après plusieurs tentatives avortées au cours des décennies passées, l'expérimentation la plus en pointe à l'heure actuelle va prendre place en Norvège où elle répond au nom séduisant de Northern Lights (Aurore Boréale).

En voie d'être réalisé, le projet est pour le moins ambitieux. À la sortie d'une cimenterie d'une part, et d'une usine d'incinération d'ordures de l'autre, 800 000 tonnes de CO_2 seront captées et *liquéfiées* chaque année sur place, puis expédiées jusqu'à un terminal côtier où elles emprunteront un pipeline sous-marin pour être enfouies à 2 600 mètres de profondeur dans un ancien gisement pétrolier situé dans le sous-sol de la mer du Nord. Cette simple description montre la difficulté de l'opération et explique son prix évalué sous toutes réserves à 150 dollars par tonne, hors même coûts de capture et de liquéfaction. Il faudrait donc dépenser de l'ordre 5 000 milliards de dollars par an pour enfouir dans le sous-sol les 33 milliards de tonnes émises chaque année par l'humanité ! Et il faudrait plus de 40 000 installations de cette nature, à supposer que ce soit techniquement possible, ce qui n'est clairement pas le cas.

Et qui paierait ? Dans le cas du projet Northern Lights, c'est le gouvernement norvégien qui acquitte 80 % de la facture pour se faire pardonner le fait qu'il continue à être par ailleurs l'un des plus grands émetteurs de CO_2 du monde puisqu'il produit en masse chaque année du pétrole grâce auquel il s'est constitué une gigantesque réserve financière, son « fonds souverain ». Mais ailleurs ? Personne, bien évidemment.

Et on se demande pourquoi de grandes entreprises pétrolières, Total en l'occurrence, se sont lancées dans une opération qui aura pour résultat de faire croire à tous qu'il est possible d'exploiter du pétrole sans rejeter de CO_2 et donc d'entretenir le mythe de « puits » imaginaires, au lieu de dire la vérité qui veut que le recours au pétrole soit indispensable et bénéfique à l'humanité et qu'il n'existe aucun moyen d'éviter les rejets de CO_2 correspondants au-delà de ceux qu'absorbe la nature. C'est ainsi qu'est entretenu le mythe de la « neutralité carbone » par ceux-là même qui seront en permanence accusés de s'y opposer et de nuire à l'humanité. Comme le dit le proverbe : *Il n'est de plus grande victoire que de faire croire à son adversaire tout le mal qu'on dit de lui.*

Il est vrai qu'il y a une autre méthode d'extraction du CO_2 de l'atmosphère liée à l'existence même de la vie sur terre. Cette dernière n'existe que grâce au phénomène de la photosynthèse qui, comme nous l'avons appris à l'école, capte sous l'influence du soleil le CO_2 de l'atmosphère et l'associe à la vapeur d'eau (H_2O) pour donner naissance à la végétation puis à l'ensemble des êtres vivants.

La photosynthèse explique pourquoi les relevés de la teneur en CO_2 de l'atmosphère régulièrement effectués depuis plus de soixante ans montrent que l'on n'y retrouve pas la totalité des quantités produites lors de la combustion du pétrole, du charbon et du gaz naturel. Sur les 33 milliards de tonnes émises actuellement chaque année du fait de l'usage des hydrocarbures fossiles, seules 15 viennent accroître la masse du CO_2 atmosphérique. Les 18 autres sont absorbées par les océans et par la végétation comme le confirment les photos de notre planète qui montrent que celle-ci est entrée dans une phase de verdissement accéléré, les déserts reculant face à la végétation contrairement aux idées reçues, ce qui n'empêche pas la masse du CO_2 atmosphérique de continuer à s'accroître.

À la lecture des paragraphes qui précèdent, une question vient alors à l'esprit. Comment est-il possible que, depuis plus de trente ans, la communauté internationale fasse croire qu'il sera un jour possible par miracle de « capturer » le CO_2, alors qu'il n'y a pas le moindre espoir d'y parvenir, si ce n'est pour entretenir un mythe infondé ?

Contrairement à ce qu'écrivent et répètent les sources officielles, il n'y a donc en définitive qu'une méthode pour atteindre la « neutralité carbone » en 2050, et c'est de cesser d'avoir tout recours à cette date au pétrole, au gaz naturel, et au charbon.

Mais on a vu que les constats de l'Agence Internationale de l'Énergie fondés sur la compilation des projets concrets des différents pays aboutissent à la conclusion inverse. Les énergies fossiles, qui répondent à l'heure actuelle à 80 % des besoins énergétiques de l'humanité en représenteront en 2040 encore les trois quarts. Quel esprit censé pourrait-il imaginer que 10 ans plus tard, le pourcentage tombe à zéro ?

La « neutralité carbone » est donc une perspective utopique, qui a conduit nos voisins allemands sur une voie sans issue que nous emprunterons aussi si nous persistons à les suivre.

10

L'impasse allemande

Énergies renouvelables et électricité

Relation entre la part de l'électricité produite
par les énergies renouvelables intermittentes et les tarifs facturés aux ménages

Source : Eurostat - Décembre 2018

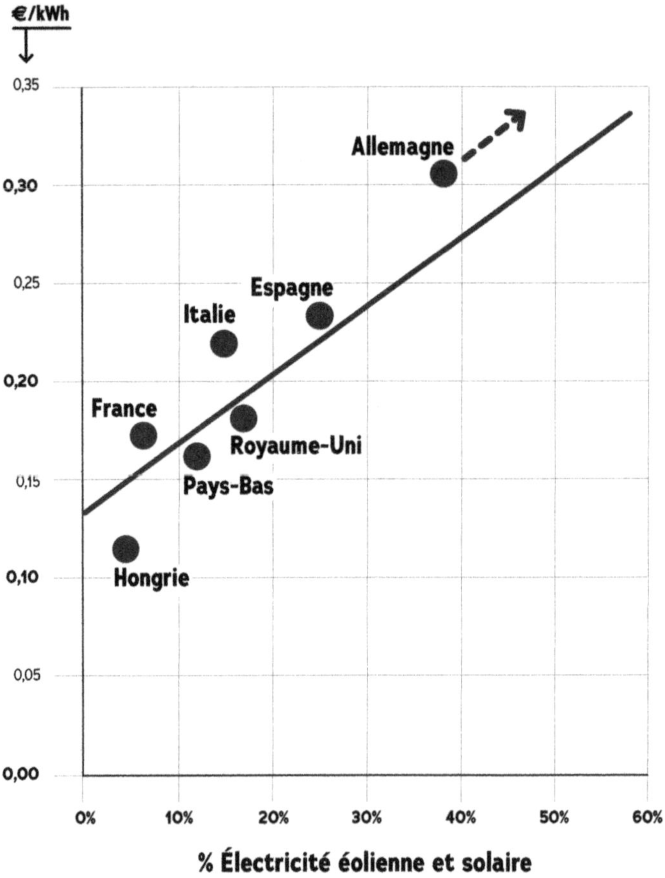

POINT 10

L'impasse allemande et l'utopie hydrogène

La première phase du drame se joua en 2011. Le 11 mars, un séisme ravageur survint au large de Fukushima. Comme les responsables japonais n'avaient pas pris la précaution élémentaire de ceinturer d'un mur de protection la centrale nucléaire du lieu, pourtant située en bordure immédiate de l'Océan Pacifique, celle-ci fut envahie par les eaux et victime de dégâts irréversibles, avec notamment la fusion de trois de ses quatre réacteurs qui n'occasionna aucun mort contrairement à une croyance répandue, mais ébranla le monde entier.

Bien entendu, l'Allemagne ne connaît en rien la fréquence des séismes qui ébranlent le sol japonais, et elle risque d'autant moins que ses centrales nucléaires soient menacées par un tsunami qu'aucune n'est située en bord de mer.

Il n'empêche : le 15 mars 2011, quatre jours plus tard, la Chancelière Angela Merkel annonçait sa décision de fermer dans les années qui allaient suivre toutes les centrales nucléaires allemandes qui fournissaient alors 24 % de l'électricité nationale, en même temps que celle d'accélérer encore l'implantation des énergies renouvelables intermittentes que sont les éoliennes et les panneaux photovoltaïques. Peut-être comptait-elle alors sur les centrales thermiques à charbon ou à gaz pour assurer l'approvisionnement permanent en électricité sans lequel son pays ne pourrait fonctionner ? Quoi qu'il en soit, sa décision fut massivement approuvée et elle fut brillamment réélue aux élections suivantes.

La seconde phase du drame se produisit le 12 décembre 2019. À cette date, le Conseil Européen, au sein duquel figurait de droit la Chancellerie allemande, fit sien l'objectif de parvenir d'ici 2050 à une Union Européenne *« neutre pour le climat »*. Autrement dit l'Allemagne, comme les autres pays européens, s'engageait notamment à renoncer aux centrales thermiques classiques à charbon ou à gaz qui lui procurent encore aujourd'hui près de la moitié de son électricité, et à ne plus compter à l'avenir pour cette dernière que sur les énergies renouvelables intermittentes.

Le 11 décembre 2020, le même Conseil Européen précisait encore la feuille de route, adoptant avec l'aval de Ursula Von Der Leyen, Présidente de la Commission Européenne, écologiste convaincue et proche amie d'Angela Merkel, l'objectif intermédiaire d'une chute dès 2030 du volume global des émissions de CO_2 de 55 % par rapport à 1990, c'est-à-dire de près de la moitié (42 %) relativement à 2019.

En moins de 10 ans, le sort de l'Allemagne fut ainsi scellé. Celle-ci devrait dans un avenir proche renoncer pour produire son électricité non seulement à ses installations nucléaires, mais aussi à ses centrales thermiques à charbon ou à gaz naturel. Et, plus important encore, elle devrait progressivement renoncer d'ici 2050 aux énergies fossiles pour l'ensemble de ses autres besoins énergétiques, et non seulement pour son électricité.

Électricité et énergie

Avant d'aller plus loin pour analyser les conséquences de ces décisions qui laissent sans voix, une précision s'impose. Lorsqu'on parle d'énergie, la tendance veut souvent qu'on ne pense qu'à l'électricité. Or il ne faut pas confondre les deux. Comme dans les autres pays développés, l'électricité représente en Allemagne moins d'un quart de l'énergie utilisée par les consommateurs finaux que sont l'industrie, les transports, les ménages, et les bâtiments de toute nature.

Les énergies renouvelables intermittentes fournissent certes aujourd'hui 36 % de *l'électricité* allemande, mais leur production ne constitue ainsi que 8 % de *l'énergie finale* totale consommée outre-Rhin, qui repose très majoritairement sur l'usage direct du pétrole, du gaz naturel, et du charbon.

Plus précisément la répartition des 200 millions de « tonnes équivalent pétrole » consommées chaque année par nos voisins est telle que l'électricité en représente 22 %, les 78 % restants provenant avant tout des produits pétroliers (essence et fuel) et du gaz naturel dont nos voisins font un large usage pour se chauffer, car il fait nettement plus froid en Allemagne qu'en France avec 8,6 degrés contre 12,6 en moyenne.

Quant à l'électricité, si celle-ci provient aujourd'hui à concurrence de 36 % des énergies renouvelables intermittentes, la majeure part est issue d'autres sources au premier rang desquelles figurent les centrales thermiques à charbon ou à gaz (45 %) et les centrales nucléaires encore en activité en 2020 (13 %).

Dans ces conditions, quel peut être l'avenir chez nos voisins, d'une part de leur approvisionnement électrique, d'autre part des autres formes d'énergie qu'ils utilisent ?

1°) *Électricité : l'impasse*

Pour juger de l'impasse dans laquelle se sont fourvoyés nos voisins allemands, il faut comprendre que ceux-ci sont déjà pratiquement allés au bout de ce qu'il est possible d'attendre de l'électricité produite par les énergies renouvelables intermittentes. Au prix d'investissements colossaux de 200 milliards d'euros ils ont défiguré des pans entiers de leur territoire en les couvrant de 30 000 éoliennes avoisinant ou dépassant 200 mètres de haut, et multiplié les panneaux solaires dans un pays pourtant situé bien au Nord du 45° parallèle. Et les factures d'électricité ont allègrement doublé, car il faut tout en double pour pallier aux défaillances du vent et du soleil, ce qui explique l'envolée des tarifs.

Mais il est impossible d'aller beaucoup plus loin du fait de l'intermittence inhérente à celles-ci. Il est certes prévu, au prix de nouvelles dépenses considérables, que le pourcentage approche un jour 45 %, mais il s'agira là d'un maximum ou presque. Les panneaux photovoltaïques ne fonctionnent que quelques heures par jour au mieux. Quant aux éoliennes, si leur production arrive exceptionnellement à couvrir la totalité des besoins d'électricité du pays lorsque soufflent de grands vents, elle est nulle en cas d'anticyclone.

À l'heure actuelle, ce sont donc les centrales nucléaires et les centrales à charbon ou à gaz naturel qui prennent le relais lorsque les énergies renouvelables intermittentes sont absentes ou insuffisantes, et ceci dans des conditions difficiles et coûteuses car leur plan de charge est imprévisible et d'autant plus réduit que se développent ces énergies renouvelables intermittentes. Et il est prévu que les centrales nucléaires encore en activité soient toutes fermées avant la fin de l'année 2022 bien que la moitié des Allemands soient désormais réticents à cette perspective.

Quant aux centrales thermiques classiques à charbon ou à gaz qui devront prendre de surcroît le relais des centrales nucléaires elles doivent en principe disparaître progressivement avant l'an 2035 selon les engagements de la Chancelière germanique.

Mais qui pourrait croire un instant que les choses se passeront ainsi ? Il faudrait que l'Allemagne soit privée d'électricité la moitié du temps et que ses usines ferment quand il n'y a pas de vent et de soleil ?

L'incohérence atteint alors parfois chez nos voisins d'étonnants sommets. Le 30 mai 2020 a ainsi vu la mise en service près de Dortmund d'une centrale à charbon toute neuve de 1 100 mégawatts, concomitante avec le lancement d'une compétition pour la fermeture de celles qui existent, dotée d'une subvention de 40 milliards d'euros. Et celle-ci a fait d'heureux lauréats qui fermeront à partir de 2021 des installations en parfait état de marche d'une capacité cumulée de 4 500 mégawatts, ouvrant la voie à la fermeture progressive de l'ensemble du parc des centrales thermiques.

L'utopie de l'hydrogène

La réponse aujourd'hui le plus souvent apportée à ce qui apparaît comme une impasse tient en mot : l'hydrogène. Le principe avancé est simple : l'électricité excédentaire produite par les éoliennes et les panneaux photovoltaïques lorsqu'il y a suffisamment de vent ou de soleil serait transformée en hydrogène, et celui-ci serait ensuite utilisé plus tard, soit pour produire de l'électricité, soit pour se substituer directement au pétrole, au gaz naturel ou au charbon aujourd'hui utilisés par ailleurs.

Apparemment très séduisante, cette hypothèse se heurte aux multiples murs de la réalité. Tout d'abord, il n'existe aucune électricité aujourd'hui disponible pour une telle opération, et ceci pour une raison simple : il a été promis aux promoteurs des éoliennes et des panneaux solaires en service que leur production serait systématiquement prioritaire par rapport à celle des centrales thermiques classiques ou nucléaire, et elle est donc intégralement consommée dès à présent.

Pour produire de l'électricité supplémentaire afin d'engendrer de l'hydrogène, il faudrait donc construire ex-nihilo de nouvelles éoliennes et de nouveaux panneaux photovoltaïques. Sur le papier, c'est tout à fait possible.

Transformer l'électricité en hydrogène, puis réutiliser celui-ci pour produire à nouveau de l'électricité ne présente aucune difficulté technique. Telle qu'elle est généralement envisagée, l'opération comporte 4 étapes :

1°) Produire de l'électricité à l'aide d'installations éoliennes ou solaires quand le vent ou le soleil s'y prêtent,

2°) Utiliser alors cette électricité pour générer de l'hydrogène par électrolyse de l'eau,

3°) Comprimer à très haute pression (200-700 bars) ou liquéfier à très basse température (- 253° C) l'hydrogène ainsi produit pour le stocker ou le transporter ailleurs,

4°) Utiliser celui-ci plus tard pour produire de l'électricité quand il n'y a ni vent ni soleil en quantité suffisante, et injecter alors cette dernière sur le réseau.

Mais, comme c'est toujours le cas pour de pareilles opérations, les pertes sont considérables : 20 % pour l'étape 2 ; 30 % pour l'étape 3 ; 50 % au moins pour l'étape 4, de telle sorte qu'on ne retrouve à la fin du processus que 28 % de l'électricité initiale, soit 3,6 fois moins qu'au départ ! Il est difficile de faire pire ! Et même si des progrès sont réalisés au cours des années à venir, la proportion ne pourra guère varier. Et si l'on tient compte du coût des différentes opérations ci-dessus citées, il en découle une autre règle simple : **l'électricité produite par le recours à l'hydrogène coûtera 5 fois plus cher que celle d'origine.**

Dans de telles conditions, pour remplacer les quelque 64 % de l'électricité germanique qui ne sont pas aujourd'hui générés par les énergies renouvelables intermittentes, un rapide calcul montre qu'il faudrait couvrir le territoire de nos voisins de 200 000 éoliennes, et ceci pour « décarboner » le seul secteur de la production d'électricité. Il est inutile de dire combien cette perspective n'a pas la moindre chance de voir le jour, à la fois du fait de son coût exorbitant et du rejet croissant par la population de nos voisins de toute implantation nouvelle d'éoliennes sur leur territoire.

Certes, la parade à ce dernier obstacle peut être en théorie trouvée par la localisation des futures éoliennes au large des côtes allemandes. Mais un autre obstacle survient alors, car les principaux lieux de consommation de l'électricité sont situés au sud de l'Allemagne, et l'opposition déterminée des mouvements écologistes à l'implantation des lignes à haute tension qui seraient nécessaires pour y acheminer le courant venant de la mer du Nord ou de la Baltique est pratiquement insurmontable.

Quant au coût, il vaut mieux ne pas l'évoquer à nouveau, car les éoliennes implantées en mer nécessitent des investissements deux fois et demie plus lourds encore que leurs homologues terrestres. Au total, les tarifs acquittés par nos voisins devraient alors décupler ou presque…

Que conclure, sinon que l'hypothèse de la production de la totalité de l'électricité allemande par des énergies renouvelables relève de l'utopie, et que les dépenses qu'elle impliquerait sont inenvisageables, ce qui conduit à une première conclusion de portée universelle : les énergies renouvelables intermittentes ne peuvent répondre qu'à la moitié tout au plus de la consommation électrique de tout pays. La Californie en sait quelque chose avec ses coupures de courant.

La question se pose alors de savoir ce qui va se passer outre-Rhin au cours des années à venir, et la réponse ne fait guère de doute. S'il existe une certitude, c'est que l'industrie allemande ne va pas s'arrêter et nos voisins rester dans le noir. Si d'ailleurs l'Allemagne a pu dépenser 200 milliards d'euros pour couvrir son territoire d'éoliennes et de panneaux solaires, c'est grâce à une situation économique et financière unique dont elle est avant tout redevable à son secteur automobile à l'insolente vitalité que ne connaissent pas les autres pays.

Ce qui veut dire que celui ou celle qui succédera à Angela Merkel en septembre 2021 devra très vite mettre fin au programme de fermeture des centrales thermiques à charbon et à gaz, voire en construire de nouvelles, et ainsi renier l'impossible objectif de la *« neutralité carbone »*, ouvrant alors les yeux non seulement de ses concitoyens, mais du monde entier. Tout au plus l'Allemagne pourra-t-elle transformer ses centrales à charbon en centrales à gaz, et c'est pourquoi elle tient tant au projet NordStream. Mais la combustion du gaz, elle aussi, engendre du CO_2, même si c'est moins que celle du charbon, et est incompatible avec la neutralité carbone affichée. L'Allemagne a été pour une grande part à l'origine du mouvement écologiste qui a conquis le monde. Bien involontairement, elle en signera la fin, sans doute dès 2023.

2°) *Les autres énergies*

Encore les développements précédents n'ont-ils parlé que de la partie émergée de l'iceberg. Pour éviter tout rejet de CO_2 comme s'y est engagé le gouvernement allemand, il faudrait que les énergies renouvelables intermittentes remplacent en outre l'essentiel des 78 % de son approvisionnement énergétique ne relevant pas de l'électricité. De 8 % à l'heure actuelle, la proportion des besoins couverts par celles-ci devrait passer à 100 % ou presque. Personne n'ose imaginer combien de centaines de milliers d'éoliennes sinon de millions d'entre elles il faudrait alors construire tant l'hypothèse relève du surréalisme.

Mais il est un autre argument, d'ordre financier, qui devrait suffire à lui seul à ramener sur terre ceux qui sont déconnectés de la réalité, car les chiffres donnent alors le vertige.

Pour la plupart des esprits, c'est en effet à nouveau l'hydrogène qui jouerait le rôle central. Produit à partir de l'électricité engendrée par les énergies renouvelables intermittentes, celui-ci prendrait alors directement la place du pétrole et du gaz naturel. Il servirait de carburant pour les voitures, les camions, voire même les avions. Et il remplacerait le gaz naturel pour le chauffage des immeubles et le fonctionnement des usines qui ont aujourd'hui recours à celui-ci.

Comme le relève l'excellent ouvrage « Utopie Hydrogène » de Samuel Furfari, techniquement, tout ceci est plus ou moins facilement possible. Mais le désastre financier serait total. Le prix de revient de l'hydrogène produit par électrolyse de l'eau s'élève en effet à 6 euros par kilogramme, ce qui justifie incidemment que seuls 4 % de la production mondiale de ce dernier y aient recours, et pour des usages médicaux uniquement.

En revanche, l'hydrogène généré par le procédé industriel intitulé « vaporeformage » à partir du méthane (CH_4) qui constitue l'élément central du gaz naturel, revient à 1,5 euro par kilogramme, ce qui explique qu'il faille trouver là l'origine de 85 % de la production mondiale actuelle d'hydrogène.

Enfin, il ne faut pas oublier que le prix du gaz naturel de départ n'excède pas quant à lui en général 0,6 euro par kilogramme.

Cette simple énumération ne peut manquer d'appeler plusieurs questions. Puisqu'il est possible de produire de l'hydrogène à partir du gaz naturel, pourquoi dépenser quatre fois plus pour l'obtenir à partir de l'électricité ? Certes, la production d'hydrogène à partir du gaz naturel engendre des émissions de CO_2, mais qui pourrait empêcher les multiples pays qui disposent de vastes ressources de celui-ci d'en produire et de tuer dans l'œuf la concurrence d'une fabrication à base d'électricité ?

Et pourquoi avoir recours à l'hydrogène pour propulser à grand coût voitures, camions, bateaux ou avions et chauffer les immeubles, alors que le pétrole ou le gaz naturel reviennent bien moins cher encore, et ceci sans tenir compte des multiples dépenses supplémentaires qu'impliquerait à plusieurs niveaux l'hydrogène ? C'est ainsi que le réservoir d'une voiture permettant de parcourir 800 kilomètres doit avoir un volume de 350 litres et peser 180 kilos en cas de recours à l'hydrogène contre respectivement 60 litres et 60 kilos pour un véhicule classique à essence.

En résumé, l'hydrogène d'origine électrique coûterait au moins **dix fois plus cher** que les hydrocarbures qu'il remplacerait et décuplerait la facture énergétique de nos voisins pour un même service. Personne ne peut évidemment l'envisager un instant, et c'est pourquoi, comme c'est le cas depuis un siècle que l'hypothèse est évoquée, le recours à celui-ci restera une utopie, qu'il s'agisse de la fabrication d'électricité ou de la substitution aux hydrocarbones fossiles qui répondent à la très grande majorité des besoins énergétiques du monde, et sans lesquels les pays développés ne pourraient maintenir le niveau de vie qu'ils connaissent, ni les pays en voie de développement sortir de la pauvreté et de la mort.

L'usage des énergies renouvelables intermittentes restera donc limité à la fabrication de l'électricité. Et, comme l'électricité représente moins d'un quart de la consommation énergétique des pays développés, les énergies renouvelables intermittentes ne peut répondre à guère plus de 10 % des besoins énergétiques de l'humanité. Ce constat vient en opposition frontale avec la forfaiture du GIEC qui affirme « *les énergies renouvelables pourraient répondre en 2050 à près de 80 % des besoins en énergie de l'humanité* », sur laquelle repose la politique mondiale en la matière.

Les descriptions qui viennent d'être faites appellent enfin deux questions. Pourquoi nos voisins en sont-ils arrivés à ce degré d'incohérence sinon d'absurdité ? Et pourquoi les avons-nous si aveuglément suivis jusqu'à présent ?

La réponse à la première de ces interrogations est double. Elle tient tout d'abord à la puissance du mouvement écologiste allemand dont les causes profondes échappent aux cartésiens que nous étions. Anciens rouges devenus verts, les fameuses « pastèques », leur obsession depuis des décennies a été la fin du nucléaire, à laquelle s'est ensuite ajoutée celle du CO_2 dans un complet illogisme.

Mais une grande part de la responsabilité incombe aussi à la chancelière Angela Merkel qui, au lieu de chercher à convaincre son pays de conserver ses sources d'électricité, a préféré adhérer sans réserve aux thèses vertes de *l'« Energiewende »* qui demande leur disparition au profit des énergies renouvelables intermittentes. Et, pour ne pas perdre la face, l'inamovible Chancelière a entraîné à sa suite l'Europe sur la voie du mythe de l'hydrogène. Ce dernier ne devient-il pas une priorité de la politique européenne à laquelle seront consacrés en vain des milliards d'euros ?

Mais il ne faut pas nécessairement accuser celle-ci. Il est possible qu'Angela Merkel, qui fut au début de sa carrière Ministre de l'Environnement de son pays, ait été aveuglée comme les autres dirigeants mondiaux par la perspective de la catastrophe annoncée pour l'avenir de la planète par les Nations-Unies, et qu'elle ait cru bien faire...

Quant à la soumission de la France depuis des décennies à l'irréalisme idéologique de nos voisins, elle tient à une cause majeure. Le monde administratif et politique de l'Hexagone est désormais entre les mains de responsables de formation a-scientifique, alors que seuls les chiffres peuvent résister au poids des idées lorsque celles-ci sont infondées. Ils étaient donc et sont toujours des proies faciles face à une pensée unique à laquelle ils sont incapables de résister.

Car on ne peut rien contre les chiffres, sauf les ignorer.

Nous avons ainsi abandonné la tradition qui était autrefois la nôtre et que René Descartes avait résumée dans son premier précepte : *« Ne jamais recevoir aucune chose pour vraie que je ne la connusse évidemment être telle »*, autrement dit ne pas croire aux idées en vogue sans les mettre en doute et les vérifier, ce que nous n'avons pas fait dans le domaine de l'écologie comme dans bien d'autres.

Et nos factures d'électricité vont doubler au détriment des plus pauvres qui grelotteront en hiver, et de notre industrie qui n'a nul besoin de ce fardeau supplémentaire.

Et tout ça pour rien.

11

Les Hydrocarbures sauveurs

Sortie de la pauvreté et émissions de CO_2

52 pays en développement à faible revenu (dont l'Inde)

Source : Banque mondiale

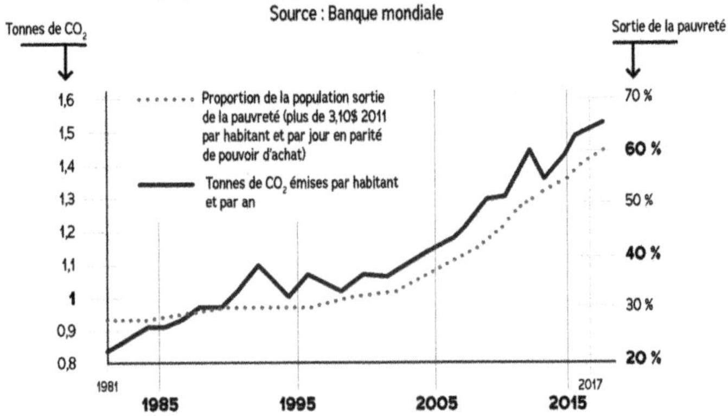

Chine. Électricité et PIB

Source : Banque mondiale, BP Statistical Review

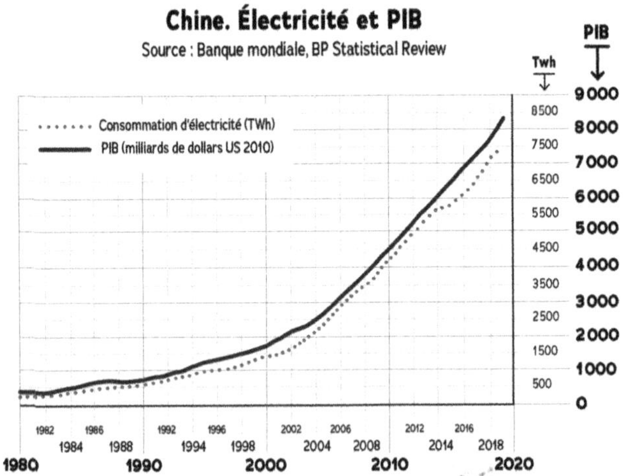

POINT 11

Les hydrocarbures sauveurs

Sans les hydrocarbures fossiles, le charbon d'abord, puis ensuite le pétrole et enfin le gaz naturel, les pays développés n'auraient pas connu l'avènement de l'ère industrielle et en seraient restés pour l'essentiel au mode de vie misérable que fut celui de la majorité de nos ancêtres, avec son cortège de peines, de douleurs, et de morts. Au XVIIIe siècle, l'espérance de vie à la naissance n'excédait pas 27 ans. Les rois eux-mêmes perdaient leurs enfants et leurs petits-enfants. Les récoltes étaient souvent insuffisantes et généraient des famines mortelles. Des chaumières constituaient l'habitat de la grande majorité de la population qui souffrait de froids cruels en hiver et de chaleurs excessives en été. Pour s'habiller, chacun ne disposait le plus souvent que d'un ou deux vêtements, si ce n'est de ce que nous appellerions des haillons comme en témoignent les peintures flamandes ou celles des frères Le Nain. Nous avons du mal à imaginer ce qu'était la vie de nos ancêtres, le plus souvent très dure.

Si tout a progressivement changé depuis deux siècles, c'est du fait de l'accès à une énergie abondante et bon marché, celle des hydrocarbures fossiles. Des pans de l'humanité ont pu alors sortir petit à petit de leur misère ancestrale et, génération après génération, accéder progressivement au mode de vie sans précédent que connaissent désormais dans leur grande majorité les habitants des pays développés.

Ce fut tout d'abord, avec l'invention de la machine à vapeur, le charbon qui amorça la révolution industrielle par la création d'usines aux rendements auparavant inconnus. Une seule machine pouvait remplacer des dizaines ou des centaines de chevaux, bouleversant les possibilités de production.

Ce fut ensuite l'invention du chemin de fer avant que l'électricité permette à chacun de voir dans l'obscurité, et que le pétrole révolutionne à nouveau les transports avec les voitures, les camions, les bateaux modernes et les avions.

Puis le gaz naturel, qui peut se substituer au pétrole pour de nombreux usages, vint plus récemment compléter la trilogie.

Certes, il existe d'autres sources que les énergies fossiles. Mais les hydrocarbures satisfont encore aujourd'hui 82 % des besoins énergiques mondiaux et cette proportion ne descendra qu'à 75 % en 2040 d'après l'analyse par l'Agence Internationale de l'Énergie des projets des différents pays.

Ces projets mettent en effet en évidence que les pays en développement consommeront au cours des décennies à venir de plus en plus de charbon, de pétrole, et de gaz naturel pour se procurer l'énergie indispensable à l'amélioration de la qualité de vie de leur population et leur permettre bien souvent d'échapper à la mort elle-même.

Les pays en développement émettront en conséquence de plus en plus de CO_2, et ceci quelles que soient les injonctions des

Nations-Unies. Car les graphiques sont étonnants et sans appel : il existe une corrélation étroite entre quatre indicateurs : sortie de la pauvreté, élévation du niveau de vie, production d'électricité, et émissions de CO_2. De 1980 à 2020, les émissions de CO_2 des 50 pays les plus pauvres du monde ont doublé pendant que la proportion de leur population échappant à la pauvreté a également été multipliée par deux, passant de 30 à 60 %.

Seule l'indifférence au sort des quatre cinquièmes de l'humanité pourrait conduire à ignorer ce constat. C'est pourtant ce que font les instances mondiales et ceux qui leur font confiance en voulant, heureusement sans grand succès, interdire aux pays pauvres l'accès aux énergies fossiles.

Le CO_2 et la mort

L'Organisation Mondiale de la Santé a dressé en 2014 un constat terrifiant, qui a trait à la première cause de mortalité sur la planète, partout passée sous silence dans une indifférence générale.

Chaque année, 4 300 000 êtres humains, essentiellement des femmes et des enfants, meurent du fait des rejets des foyers domestiques fonctionnant en espace clos dans la pièce principale de leur demeure, qui sont alimentés par du bois, du charbon, du lignite ou même des excréments d'animaux. Il s'agit des « barbecues de la mort ».

Ces foyers délétères servent à plus de 3 milliards d'êtres humains, qui n'ont pas ou très peu accès à l'électricité, à faire la cuisine, à se chauffer et à s'éclairer, engendrant une pollution équivalente à la combustion simultanée de 400 cigarettes ! Et leurs victimes meurent dans des souffrances qui n'ont d'égales que l'indifférence qui les entoure, qu'il s'agisse de cancers, d'obstructions respiratoires, ou d'arrêts cardiaques.

Pour remplacer ces « barbecues de la mort », et tout d'abord faire la cuisine, il n'existe guère à terme que les solutions que connaissent tous les pays développés : le gaz acheminé par réseaux ou livré en bonbonnes, ou l'électricité, de toute manière nécessaire pour éclairer et pouvoir disposer des réfrigérateurs indispensables à la conservation des aliments.

Beaucoup imaginent que l'électricité d'origine solaire pourrait alors faire l'affaire. Mais il ne faut pas se leurrer, la capacité des panneaux photovoltaïques individuels que l'on présente parfois comme constituant une solution miracle, est minime et incapable de faire face aux besoins de base.

Même les plus coûteux de ces équipements, que les populations concernées ne peuvent d'ailleurs pas se payer, ne peuvent guère faire mieux qu'allumer pendant quelques heures deux ou trois ampoules à faible consommation. En aucun cas, leur capacité ne permet de faire la cuisine. Leur principal intérêt, qui est réel, se trouve ailleurs. Ils servent à recharger les « smartphones » qui sont devenus indispensables à l'humanité entière et constituent un extraordinaire outil de diffusion des connaissances et de progrès. Ils servent aussi aux enfants pour étudier la nuit tombée.

Mais ils ne peuvent en aucun cas mettre fin à l'existence des « barbecues de la mort » et fournir la quantité d'électricité nécessaire pour accéder à une vie décente, qu'il s'agisse de s'éclairer, de faire cuire les aliments, de les réchauffer, de les conserver, de se chauffer, d'alimenter la télévision et des appareils électroniques ou électroménagers, voire a fortiori de faire fonctionner une climatisation que tous les visiteurs en provenance des pays développés considèrent comme indispensable, et dont on en voit pas pourquoi les populations locales devraient être indéfiniment privées.

Pour ces multiples usages, il faut avoir recours aux mêmes solutions techniques qu'ailleurs dans le monde. Celles-ci reposent sur la construction de centrales électriques puissantes et d'un prix abordable, aptes à fonctionner de manière permanente et non intermittente, et reliées à des réseaux de distribution à haute, moyenne, et basse tension.

C'est ce qu'ont compris les dirigeants de *tous* les pays en développement qui ont *unanimement* fixés comme priorité absolue de procurer de l'électricité à leur population, et c'est pourquoi ils n'écoutent pas les conseils qu'on leur donne et il n'y a jamais eu autant de centrales à charbon ou à gaz en construction.

Pour comprendre l'importance que revêtent l'énergie et en premier lieu l'accès à l'électricité pour la sortie de la misère des milliards d'êtres humains qui y sont aujourd'hui confrontés, le mieux est de laisser la parole à l'un des responsables africains les plus influents.

Il s'agit du Président de la Banque Africaine de Développement (BAD), Akinwumi Adesina, qui s'exprima ainsi le 3 décembre 2015 en répondant aux questions du journal « Le Monde » à l'occasion de la COP 21 de Paris.

Question : Cela fait des décennies que l'électrification de l'Afrique est une priorité. Est-ce qu'il faut une crise climatique pour que cela cesse d'être des mots ?

Réponse : l'Afrique doit résoudre son problème d'énergie, non parce qu'elle y est poussée par un changement climatique, mais parce que c'est insensé qu'elle n'ait pas d'électricité. Il y a 640 millions d'Africains qui n'ont accès à aucune source d'énergie. Nous sommes fatigués d'être dans le noir. Nous avons besoin de nous industrialiser et pour cela, nous avons besoin d'électricité.

Question : Ce n'est pas nouveau. Pourquoi faut-il vous croire aujourd'hui ?

Réponse : On ne peut pas continuer comme cela. Pour faire face, ma Banque va lever avec d'autres 40 à 50 milliards de dollars. L'accès à l'électricité est un droit.

Question : Le Premier Ministre Indien Narendra Modi a déclaré qu'il était impossible de demander aux pays en développement de se passer des énergies fossiles. Les scientifiques du climat affirment au contraire qu'il le faut. Quel est votre avis ?

Réponse : l'Afrique doit utiliser toutes les énergies disponibles pour se développer. Certes, elle doit aller vers un mix énergétique qui intègre le plus d'énergies renouvelables possibles, mais on ne peut pas oublier que les énergies les moins chères sont le gaz, l'hydroélectricité, et le charbon.

Il n'y a aucun signe dans le monde qui me dise que le charbon c'est fini. L'Union européenne, l'Inde, la Chine et de multiples autres pays ouvrent des centrales à charbon. Soyons juste. Il n'est pas possible que certains puissent le faire et pas l'Afrique. Le coût de l'énergie est essentiel dans le processus d'industrialisation. Mais nous ne faisons pas n'importe quoi. Pour les centrales à charbon, il y a de nouvelles technologies qui limitent la pollution locale et nous les privilégions.

Question : Des millions de familles africaines dépendent du charbon ou du bois pour leurs foyers domestiques. Comment allez-vous faire ?

Réponse : Ce n'est pas seulement ma priorité, c'est aussi celle du Secrétaire Général des Nations-Unies et du Président de la Banque Mondiale. Ce problème est à l'origine de 600 000 morts par an et concerne 700 millions d'Africains. Je ne connais aucune région où autant de personnes meurent pour faire la cuisine.

Qu'en conclure, sinon que si la communauté mondiale avait consacré à la suppression du « dirty cooking » le dixième de ce qu'elle a dépensé pour l'imaginaire lutte contre le changement climatique, ce sont plus de 4 millions de vies qui seraient épargnées chaque année ?

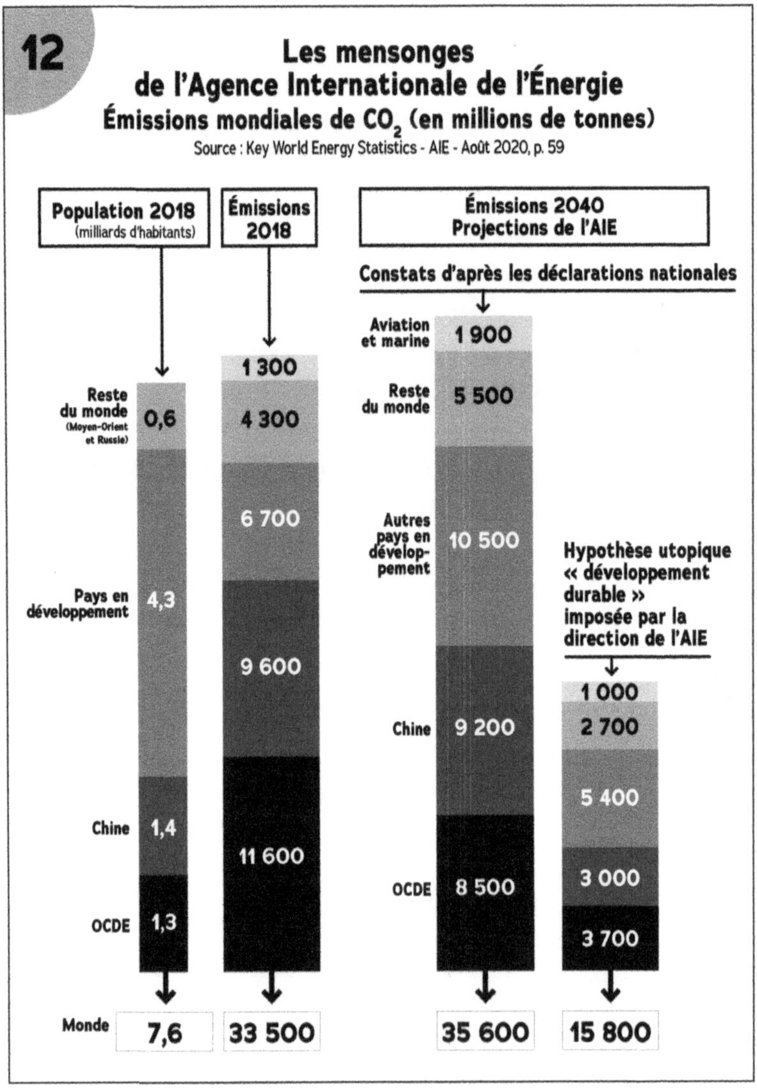
12
Les mensonges
de l'Agence Internationale de l'Énergie
Émissions mondiales de CO_2 (en millions de tonnes)
Source : Key World Energy Statistics - AIE - Août 2020, p. 59
Population 2018
(milliards d'habitants)
Émissions
2018
Émissions 2040
Projections de l'AIE
Constats d'après les déclarations nationales
Reste
du monde
(Moyen-Orient
et Russie)
0,6
Pays en
développement
4,3
Chine
1,4
OCDE
1,3
1 300
4 300
6 700
9 600
11 600
Aviation
et marine
1 900
Reste
du monde
5 500
Autres
pays en
dévelop-
pement
10 500
Chine
9 200
OCDE
8 500
Hypothèse utopique
« développement
durable »
imposée par la
direction de l'AIE
1 000
2 700
5 400
3 000
3 700
Monde
7,6
33 500
35 600
15 800

POINT 12

L'agence internationale de l'énergie Docteur Jekyll et Mister Hyde

Pour confirmer le caractère irréaliste de la politique qui vise à la suppression en 2050 de l'extraction du sous-sol terrestre de tout pétrole, gaz naturel, ou charbon, et qui est présentée aux yeux de l'opinion publique sous le vocable positif de *« neutralité carbone »*, il suffit de se reporter aux publications de l'Agence Internationale de l'Énergie (AIE).

Dans sa publication annuelle de référence *« Key World Energy Statistics »*, accessible à tous gratuitement sur internet, cette émanation de l'OCDE présente côte à côte (page 59 de l'édition 2020) deux illustrations qui disent tout de la perversion des esprits régnant en son sein.

Elle présente de la même manière deux prévisions du volume des émissions planétaires de CO_2 en 2040, avec deux totaux entièrement différents puisque le premier représente plus du double du second, avec 35,6 milliards de tonnes contre 15,8.

Le premier schéma correspond à la réalité puisqu'il résulte de l'addition des prévisions d'émissions qui sont communiquées chaque année par l'ensemble des pays de la planète. Et s'il est erroné, c'est sans doute par défaut tant la plupart des pays cherchent à minimiser leurs prévisions officielles.

Le second est une utopie qui ne verra jamais le jour, mais qui répond scrupuleusement aux injonctions sans cesse émises par les Nations-Unies et les multiples institutions internationales et nationales qui traitent du sujet et qui voudraient que les émissions de CO_2 d'origine fossile disparaissent en 2050.

Mais tout est fait par l'AIE pour que le lecteur croit que ce second schéma est réalisable et de surcroît le meilleur, puisqu'il porte l'intitulé laudatif de *« Scénario du développement durable »* pour bien souligner que l'autre schéma, celui de la réalité, mènerait l'humanité à la catastrophe, alors même qu'il permettra au contraire à des centaines de millions d'êtres humains de sortir de la pauvreté sinon de la mort.

Il suffit en effet de jeter un coup d'œil au schéma faussement dit du *« développement durable »*, pour constater que ce serait lui qui mènerait à la catastrophe. Il supposerait en effet des évolutions par rapport à la situation actuelle plus dramatiques les unes que les autres.

Il faudrait tout d'abord que les pays en développement qui regroupent plus de la moitié de l'humanité et n'émettent aujourd'hui que très peu de CO_2 en regard de leur population *diminuent* encore leurs émissions. De 1,6 tonne actuellement par habitant, elles devraient régresser et passer sous la barre d'une seule tonne ! Il faudrait que les pauvres deviennent encore plus pauvres…

Fort heureusement, une telle perspective, moralement honteuse, n'a pas la moindre chance de voir le jour. Les prévisions des pays concernés font au contraire état de perspectives de *progression* de leurs émissions qui passeront de 6,7 milliards de tonnes par an à l'heure actuelle à 10,5 au moins en 2040 du fait de leurs projets en cours ou prévus.

L'Inde dispose ainsi d'abondants gisements de charbon, et il serait irresponsable de sa part de ne pas les mettre à profit pour procurer aux 300 millions de ses habitants qui n'en disposent pas encore une électricité fiable et bon marché, et de sortir ainsi du Moyen-Âge. C'est pourquoi, lors de la parodie de conférence virtuelle tenue le 14 décembre 2020 pour célébrer le 5e anniversaire de « l'Accord de Paris », le chef du gouvernement indien a refusé d'annoncer le moindre engagement de révision à la baisse de ses prévisions d'émissions de CO_2. Car il n'y a pas que l'électricité. Pour sa part, l'industrie indienne a besoin de camions, et la classe émergente indienne entend bien acquérir des voitures et voyager en avion pour ses besoins professionnels et personnels…

S'il est possible, la situation est encore plus claire pour la Chine dont la position pour les décennies à venir a toujours été constante. Dans une situation désormais intermédiaire entre les pays en développement et les pays développés, la Chine a dû la sortie de la pauvreté d'une grande partie de la population et sa prospérité actuelle à la mise en service de plus de 1 000 centrales à charbon, et elle entend bien continuer sur cette voie jusqu'en 2030 au moins, date à laquelle elle prévoit que ses émissions de CO_2 pourront alors plafonner aux alentours de 10 milliards de tonnes par an. Elle estime que celles-ci pourraient ensuite régresser très légèrement, et ne pas excéder 9,2 milliards de tonnes en 2040, ce qui n'a d'ailleurs rien de certain.

Or, pour respecter l'objectif des Nations-Unies de la cessation de toutes émissions en 2050, il faudrait comme le montre le scénario *« développement durable »* de l'AIE que celles de la Chine n'excèdent pas 3 milliards de tonnes en 2040, c'est-à-dire trois fois moins qu'aujourd'hui, avant de disparaître entièrement dix ans plus tard. Qui peut croire un instant à un tel fantasme ?

On comprend que le Président Chinois Xi Jinping n'ait pris, lui aussi, aucun engagement de cette nature le 14 décembre 2020, et se soit contenté de dire que son pays améliorerait son *« efficacité énergétique »* de 65 % en 2030 par rapport à 2005, ce qui signifie en pratique que ses émissions continueront à s'accroître d'ici là. Il faut dire que les dirigeants chinois sont tous des ingénieurs et ont donc une formation scientifique très solide, et qu'ils sont habiles à trouver des formules qui masquent la réalité aux yeux de dirigeants occidentaux adeptes du Verbe, pour lesquels ils n'ont guère d'estime. Quant à « l'engagement » pris en cette occasion par la Chine d'atteindre la « neutralité carbone » en 2060, c'est-à-dire dans 40 ans, il n'engage que ceux qui veulent y croire. Les hypothèses que l'AIE qualifie de *« développement durable »* n'ont donc pas la moindre chance de voir le jour en ce qui concerne les pays en développement.

Mais elles n'en ont pas plus pour le troisième grand émetteur mondial que constituent les pays de l'OCDE. Au-delà des mots, ni les États-Unis, ni le Canada, ni l'Australie ne renonceront à l'évidence à exploiter le pétrole, le gaz naturel ou le charbon dont la nature les a abondamment dotés.

Il ne reste en définitive que l'Union Européenne ou presque pour vouloir *« sauver la planète »* au prix de dépenses inutiles de centaines de milliards d'euros, car l'Union Européenne est aujourd'hui à l'origine de moins de 10 % des émissions planétaires et ne peut rien à un phénomène qui la dépasse, qu'elle le veuille ou non. Les sommes qu'elle dépense au nom d'une illusoire sauvegarde du climat et au détriment dramatique de son économie sont purement et simplement des gaspillages.

Quant à l'Agence Internationale de l'Énergie et particulièrement son dirigeant majeur, le Docteur Fatih Birol en place depuis des années, ils sont hautement coupables de faire croire qu'il serait possible à l'humanité de se passer des hydrocarbures alors que ceux-ci sont indispensables à la sortie de la misère et souvent de la mort de plus de la moitié des hommes, des femmes et les enfants qui peuplent et peupleront notre planète, et qu'ils sont nécessaires au maintien de la prospérité des pays développés, même si ceux-ci peuvent en réduire un peu l'usage.

Le 10 novembre 2020, l'AIE n'a-t-elle pas osé affirmer que « les énergies renouvelables défiaient la crise du COVID grâce à une croissance record », comme si elle se réjouissait de la pandémie ? D'organe impartial dans son domaine de compétence, elle est devenue un porte-parole de la doxa écologique.

L'AIE est une dépendance de l'OCDE dont fait partie la France qui tolère depuis des années sans la moindre réaction ce qu'il faut bien appeler les mensonges de cet organisme de référence.

13

La situation française

Comparaison des émissions de CO_2

(Tonnes par an et par habitant - 2018)

Source : Agence Internationale de l'Énergie

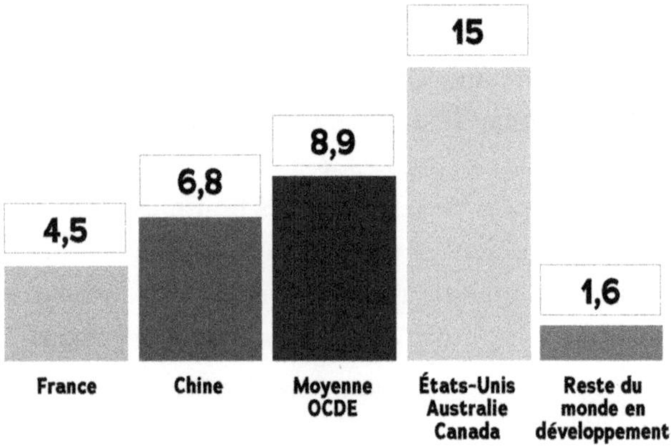

Prix de l'électricité pour les ménages

(Centimes par kilowattheure)

Source : Eurostat

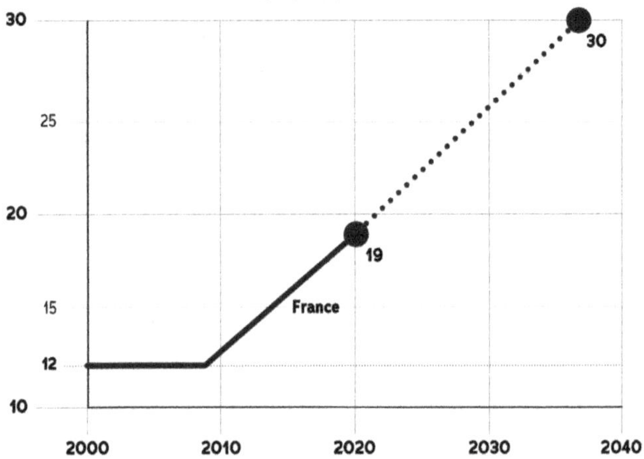

POINT 13

Confondre 40 % et 0,25 %
La convention citoyenne pour le climat

Depuis des années, et tout particulièrement depuis l'avènement du présent quinquennat, la France a fait du « combat pour le climat » un élément central de sa politique intérieure et extérieure, sinon le plus important. Il s'agit là d'une décision étrange.

Les chapitres précédents ont montré que, ni l'ensemble des nations développées regroupées au sein de l'OCDE, ni a fortiori l'Union Européenne, n'étaient plus maîtres du jeu face aux pays en voie de développement cinq fois plus peuplés qu'elles et aux besoins immenses, qui, au-delà des apparences, ont été autorisés par le trompe l'œil qu'est « l'Accord de Paris » à accroître leurs émissions à leur guise.

De surcroît la France ne représente que 9 % des émissions européennes, 2,5 % des émissions de l'OCDE, et 0,9 % des émissions mondiales. Si ses émissions disparaissaient entièrement, personne ne s'en apercevrait. Pas plus que les autres pays développés elle ne peut avoir la moindre influence sur le climat.

La volonté d'agir dans ce domaine est d'autant plus incompréhensible que notre pays est, de loin, celui dont les émissions sont les plus faibles au sein de ses homologues développés. Avec 4,5 tonnes de CO_2 par habitant et par an, chaque Français en émet deux fois moins que la moyenne des résidents des autres pays riches, et même moins de trois fois moins que ceux de l'Australie, du Canada ou des États-Unis.

La France émet même moins de CO_2 par habitant que les 1,4 milliard de Chinois qui en rejettent chacun dans l'atmosphère 6,8 tonnes par an, chiffre qui ne cesse de s'accroître jusqu'à présent année après année alors que le nôtre diminue. Nous voulons donner les leçons au monde ? Mais nous sommes déjà, et de loin, les meilleurs, grâce à notre programme nucléaire. Pourquoi battre notre coulpe ?

La fascination française pour le « combat pour le climat » à l'égard duquel nous ne pouvons rigoureusement rien ne peut s'expliquer que par l'ignorance de ses dirigeants de la réalité et des chiffres. Et cette fascination est ruineuse, comme en témoignent les 149 conclusions de la récente « Convention Citoyenne pour le Climat », plus irréalistes les unes que les autres.

Elles découlent toutes d'une même conviction : la planète va à la catastrophe et nous y pouvons quelque chose. Ne pas agir serait alors criminel.

L'objectif fixé à la Convention paraissait clair et ambitieux : réduire les émissions de CO_2 de 40 % d'ici 2030.

Mais, tout d'abord, 40 % à partir de quand ? Pour tout le monde, l'année de référence de cette réduction ne pouvait être que celle de la mise sur pied de la Convention, c'est-à-dire 2018, mais ce n'était pas le cas. L'objectif de réduction s'entendait à partir de 1990, date qui sert de référence à tous les documents européens, ce qui justifie le rappel de quelques chiffres.

En 1990, la France avait émis 367 millions de tonnes de CO_2 et en 2018 307 millions. Pour tenir l'objectif de la Convention, elle devrait donc en émettre tout au plus 220 millions de tonnes en 2030, soit une diminution de 87 millions par rapport à 2018, c'est-à-dire en réalité de 28 %.

Mais l'essentiel n'est pas là. Ce montant est à la fois considérable et insignifiant. Il est considérable en regard de nos propres émissions. De 1990 à 2018, en près de 30 ans, celles-ci n'ont diminué que de 60 millions de tonnes, et il faudrait que dans les 12 ans à venir elles régressent à nouveau de 87 millions.

L'objectif est si ambitieux qu'il n'a guère de chances d'être atteint. Mais s'il l'était, en quoi le sort du monde en serait-il changé ? Selon les constats de l'Agence Internationale de l'Énergie fondés sur les projets en cours, les émissions mondiales de CO_2 avoisineront 35 milliards de tonnes en 2030. Si la France atteignait l'objectif fixé aux participants de la Convention, les émissions planétaires seraient donc diminuées de 87 millions de tonnes par rapport à 35 milliards, soit de moins de 0,25 % !

Autrement dit, ce que peut faire la France, comme les autres pays d'une Europe qui est la seule à vouloir agir, ne sert à rien. Mais il n'y a aucune chance que ce constat ait été perçu par les membres de la Convention car il leur a été soigneusement caché. Ils ont cru sincèrement qu'ils allaient agir sur 40 % d'un phénomène, alors que le véritable objectif qui leur était fixé était de réduire celui-ci de 0,25 % !

Les participants à la Convention ont été ainsi lourdement trompés. On pourrait penser qu'il s'agissait là de la volonté des organisateurs. Malheureusement, il est probable que ceux-ci n'étaient pas eux-mêmes conscients de l'inanité de l'objectif affiché.

Et il n'y a eu aucune chance que les membres de la Convention aient pu être rendus conscients de cette réalité des choses. Certes, ils ont entendu au cours de leur neuf mois de travaux 108 intervenants. Mais ceux-ci avaient été triés sur le volet sur la base d'un seul critère. Tous étaient, sans aucune exception, des tenants des thèses officielles, et ils se sont bien gardés de leur révéler cette vérité simple qui aurait conduit à mettre fin à la Convention en la ridiculisant de surcroît.

Il existe pourtant en France des dizaines de scientifiques de haut niveau, et notamment de nombreux membres de l'Académie des Sciences tels que Vincent Courtillot, l'ancien Président de l'Institut de Physique du Globe, qui auraient pu dire la vérité. Mais ils ont tous été interdits de parole car ils auraient mis en cause la doxa officielle. Il faut voir la réalité en face : le processus est similaire à celui qui, sous Staline, avait réduit au silence les opposants aux théories de Lyssenko sur l'évolution qui se révélèrent ensuite sans fondement. Tel est le déni de démocratie que fut la Convention Citoyenne sur le Climat, en France et au XXIe siècle.

Au-delà de cet aspect moral des choses, les conséquences sont très lourdes. Il est loisible de relever les mots qui reviennent en litanie dans chacune des 149 propositions de cette dernière : obliger, réguler, interdire, limiter, contrôler, sanctionner, réglementer, taxer, contraindre, réquisitionner, réduire, rendre coercitif, sans oublier ceux de financer, aider, subventionner qui donnent le vertige par le montant des dépenses publiques qu'ils sous-entendent alors même qu'aucune de ces propositions n'est chiffrée, comme si les ressources publiques et privées étaient infinies. L'univers proposé est celui de la contrainte et de la dépense sans fin.

Dans la ligne des conclusions de la Convention, le gouvernement français ne vient-il pas de décider, sur les 100 milliards d'euros du plan de relance, de consacrer en pure perte 30 milliards à l'environnement pour contribuer à *« sauver la planète »* ?

Et la plupart des propositions se situent à l'exact opposé de ce que souhaitent nos compatriotes. Ceux-ci préfèrent élever leurs enfants dans des maisons individuelles avec jardin, mais ils ont tort ; il faut qu'ils habitent dans des immeubles collectifs. Les trois quarts des Français vont travailler en voiture parce qu'il leur faut en moyenne vingt minutes pour rejoindre leur emploi mais ils sont dans l'erreur. Il faut qu'ils prennent les transports collectifs qui leur demanderont plus d'une heure de trajet et devront être encore plus lourdement subventionnés qu'aujourd'hui. Manifestement, la leçon des gilets jaunes n'a servi à rien. Il faut aussi *« changer le contenu de nos assiettes »* et manger bio, même si l'on n'en a pas les moyens. Il faut réduire la température de nos logements, même si l'on préfère avoir un peu plus chaud. Il faut limiter les voyages en avion même si c'est plus rapide, etc…

Certaines suggestions confinent parfois au ridicule. Ne lit-on pas, puisque les océans absorbent du CO_2, ce qui est vrai, qu'il faut protéger les baleines, comme si cela avait le moindre rapport !

Et ceux qui ne se conformeront pas à ces recommandations seront coupables du « crime d'écocide », alors même que ce que nous pouvons faire ne peut avoir aucun impact sur les émissions mondiales et le climat. Bref c'est Ubu et Kafka et le meilleur des mondes d'Aldous Huxley. Et tout ceci pour rien...

En revanche, le coût pour nos concitoyens est considérable et la liste des domaines impactés par les mesures inutiles est sans fin et mène le pays sur une voie sans issue, d'autant plus que la pandémie en cours l'a déjà si durement frappé. Qu'il s'agisse de l'électricité, des transports, du logement, de l'industrie ou d'autres secteurs encore, les dépenses inutiles s'ajoutent les unes aux autres dans une liste interminable.

S'agissant de l'électricité, notre pays se couvre de panneaux photovoltaïques et d'éoliennes qui défigurent les paysages que nous ont légués nos prédécesseurs et ont déjà augmenté de 60 % les tarifs acquittés par les ménages avant de les doubler dans un avenir proche si rien ne change. La politique suivie est d'autant plus stupéfiante que n'avons besoin de rien, puisque nous sommes régulièrement le premier exportateur mondial de courant !

Comment expliquer la décision absurde de persévérer dans cette voie qui nous a déjà coûté des dizaines de milliards d'euros d'investissements inutiles, si ce n'est pour se conforter au « politiquement correct » ambiant, dans la peur de heurter les électeurs de sensibilité écologiste et plus généralement l'opinion publique au lieu de lui dire la vérité et de l'informer, ce qui est le devoir premier des dirigeants. Si l'on ajoute que notre parc actuel est essentiellement nucléaire et n'émet donc pas de CO_2, l'incompréhension s'accroît encore.

Et il y a plus grave. Du fait de son parc nucléaire, la France est le seul grand pays d'Europe à avoir favorisé l'utilisation de l'électricité pour le chauffage des immeubles, de telle sorte que de plus en plus de nos concitoyens se trouvent confrontés à des factures qu'ils ne peuvent plus acquitter et que se développe dans notre pays le fléau nouveau de la *« précarité énergétique »* qui condamne ceux qui en sont victimes à grelotter en hiver, incroyable régression par rapport aux générations passées.

On aurait pu croire que, face à ce qui devient pour beaucoup une trop lourde charge, le gouvernement ait décidé de freiner le recours à l'électricité pour le chauffage et, comme c'est le cas chez nos voisins allemands, favorisé le recours au gaz naturel dont les ressources mondiales sont abondantes et bon marché.

Méprisant le sort des plus démunis, nos dirigeants viennent de faire exactement l'inverse et de rendre obligatoire le chauffage par l'électricité de tous les immeubles construits à partir de 2022 en y interdisant le chauffage au gaz, mesure d'autant plus aberrante que les grands froids surviennent lors d'épisodes anticycloniques au cours desquels les éoliennes ne produisent rien, ce qui ne manquera pas d'accroître alors les risques de rupture d'approvisionnement.

L'illogisme est tout autant présent dans les transports. Alors que les véhicules individuels assurent les neuf dixièmes des déplacements motorisés et les camions la quasi-totalité des transports de marchandises en valeur, et que l'économie ne pourrait fonctionner sans eux, ce sont eux qui sont lourdement taxés.

À l'inverse, l'argent public est dépensé sans compter par milliards pour les transports dits « publics » qui ne répondent qu'à quelques pourcents seulement des besoins nationaux. La plupart des 260 lignes ferroviaires des TER de province connaissent des trafics insignifiants dont le total national est inférieur à celui de la seule ligne A du RER Francilien, mais il n'est pas question de les fermer et de les transférer sur autocar, ce qui épargnerait aux régions le total stupéfiant de 4 milliards d'euros de dépenses annuelles injustifiées pour l'essentiel. Mais que ne ferait-on pas pour « sauver la planète », alors même que les émissions de CO_2 seraient le plus souvent réduites et non accrues par de tels transferts comme l'a relevé la Cour des Comptes ?

D'une manière plus générale le secteur des transports ferrés et publics est l'un de ceux qui obèrent lourdement par leur coût le développement du pays et celui de ses emplois comme le révèlent quelques chiffres.

C'est ainsi que les recettes commerciales annuelles de la SNCF, hors période de pandémie, sont inférieures à 9 milliards d'euros contre 14 milliards de subventions sur un total de 23 milliards de dépenses, ce qui n'empêche pas l'entreprise d'afficher avec la complicité de l'État des résultats bénéficiaires par le recours à une manipulation des chiffres qui cache la vérité au citoyen, les subventions étant notamment qualifiées de recettes.

À titre de comparaison les sommes que la collectivité nationale consacre aux transports par route (voitures et camions) avoisinent 300 milliards d'euros par an, et rapportent 45 milliards de taxes à l'État. Si l'on s'en tient au seul secteur des marchandises, les chiffres d'affaires respectifs du transport routier et du fret ferroviaire sont de 70 milliards et de 1 (un).

La vérité veut que les chemins de fer ne jouent plus qu'un rôle marginal dans notre système de transport national, mais que nous n'en ayons pas pris conscience et lui consacrions des moyens disproportionnés, ses effectifs n'ayant notamment plus de rapport avec le service rendu.

Cette situation n'empêche pas le volume des investissements, injustifiés pour la plupart, de voler le record en record au point d'excéder dorénavant 8 milliards d'euros par an, y compris pour rouvrir des trains de nuit qui n'auront pas de voyageurs, ou des lignes de fret qui n'auront pas plus de trafic à l'heure du « 24 heures chrono » *de porte à porte* .

Si l'on ajoute les subventions aux transports collectifs urbains qui n'acheminent au niveau national que 10 % des usagers contre 90 % pour la voiture, devenue le véritable transport public de notre époque sur l'essentiel du territoire national, ce sont près de 30 milliards d'euros que la collectivité consacre chaque année à ces secteurs d'activité.

Sur la durée, le bilan fait froid dans le dos. Depuis 30 ans, les chemins de fer et les transports publics ont creusé sans raison la dette nationale de quelque 750 milliards d'euros, soit près de 8 fois le plan actuel de relance de l'économie. Et rien ne change, si ce n'est pour accroître encore les dépenses au nom d'un imaginaire bénéfice pour le climat.

Le secteur du bâtiment n'est pas non plus épargné. Cette fois-ci, ce sont la prolifération des normes et celle des subventions publiques qui sont en cause, toujours dans l'illusion que nous pourrions avoir la moindre influence sur le sort du globe. Du fait de règles de plus en plus contraignantes, les coûts de construction ne cessent de s'accroître, renchérissant sans cesse le prix des logements et plus généralement des autres bâtiments. Certes, il est justifié de chercher à bien isoler les construction neuves, mais il y a un moment où le mieux devient l'ennemi du bien, et celui-ci est franchi depuis longtemps.

À nouveau, ce sont des milliards d'euros dont la dépense n'est pas justifiée, sans parler des subventions publiques abondamment distribuées pour tenter de mettre aux normes actuelles des immeubles anciens qui ne pourront jamais l'être.

Quant à l'industrie française, chacun connaît le triste état où elle se trouve, son activité ayant été divisée par près de deux en deux décennies. L'importance des charges qui pèsent sur elle du fait du poids de prélèvements publics qui battent en France tous les records avec 57 % du PIB l'explique en partie, mais en partie seulement. L'industrie aéronautique civile les supporte ainsi très bien dans le cadre du consortium Airbus qui constitue l'un des fleurons de l'Europe.

Il y a aussi des exceptions dans le secteur de l'automobile qui constitue presque partout dans le monde le cœur des activités industrielles. C'est ainsi que l'une des usines les plus performantes d'Europe est située en France à proximité de Valenciennes. Mais elle relève de la firme japonaise Toyota, et non des deux groupes nationaux que sont Renault et Peugeot, qui ont délocalisé l'essentiel de leur production en dehors des frontières nationales contrairement à leurs concurrents allemands. Il faut donc bien admettre que des erreurs stratégiques ont été commises, dont la responsabilité est partagée entre les deux firmes et la puissance publique.

Pour donner une idée de l'ampleur du désastre auquel a mené une mode apatride, il suffit de citer l'effondrement de la production des véhicules Renault sur le territoire national. Lorsque Carlos Ghosn en prit les commandes en 2005, celle-ci se chiffrait à 1 200 000 véhicules, c'est-à-dire au-delà de celle de Volkswagen en Allemagne qui s'établissait à 1 100 000. Dix ans plus tard elle ne dépassait plus 500 000 véhicules, alors que le rival allemand avait accru la sienne jusqu'à 1 500 000 sur son sol, ce qui n'empêcha pas le gestionnaire de la firme au losange de continuer à bénéficier d'une excellente image auprès des responsables nationaux et des médias.

Mais la puissance publique porte également une part de responsabilité : les dirigeants nationaux successifs ont toujours voulu favoriser, notamment par la fiscalité, les modèles de faible cylindrée et de faible consommation au détriment des fortes cylindrées qui ont fait la fortune de l'industrie germanique dans des proportions que nous avons du mal à imaginer.

En 2018, le chiffre d'affaires de la production de véhicules s'est élevé à 252 milliards d'euros outre-Rhin contre 49 milliards en France, la différence s'établissant à 8 % de notre PIB avec les conséquences que l'on imagine sur l'emploi, le volume des exportations, la balance des paiements et l'endettement des deux pays, sans parler de leur moral national respectif, et sans que réagissent pendant des années les pouvoirs publics nationaux.

En favorisant systématiquement les petites cylindrées les pouvoirs publics ont contribué à la délocalisation de l'essentiel de la production nationale, car seuls les véhicules de moyenne et de haute gamme qui ont fait la fortune des constructeurs germaniques peuvent dégager des marges qui permettent de supporter des charges salariales élevées.

Et aujourd'hui, ce sont les véhicules électriques qu'ils favorisent dans l'illusion de contribuer à une imaginaire sauvegarde de la planète.

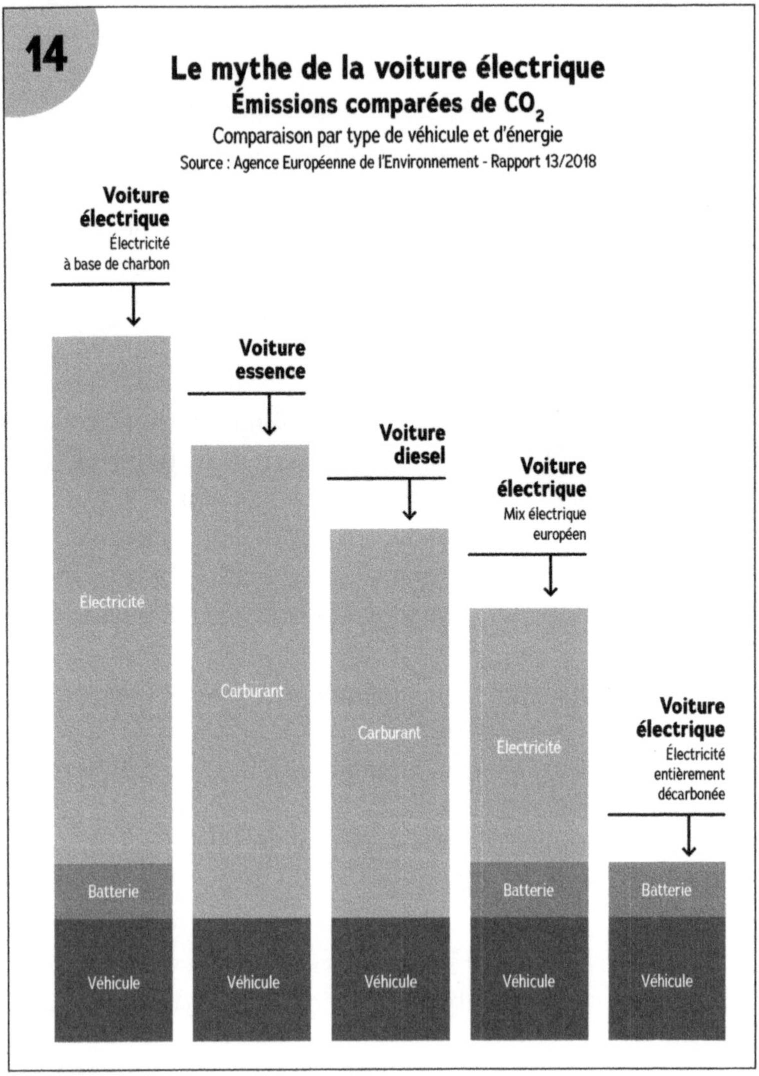
14
Le mythe de la voiture électrique
Émissions comparées de CO_2
Comparaison par type de véhicule et d'énergie
Source : Agence Européenne de l'Environnement - Rapport 13/2018
Voiture électrique
Électricité à base de charbon
Voiture essence
Voiture diesel
Voiture électrique
Mix électrique européen
Voiture électrique
Électricité entièrement décarbonée
Électricité
Carburant
Carburant
Électricité
Batterie
Batterie
Batterie
Véhicule
Véhicule
Véhicule
Véhicule
Véhicule

POINT 14

Le mythe de la voiture électrique
Comment tuer une industrie

Dans l'esprit de la plupart de nos contemporains et sans doute de celui de nos dirigeants, un véhicule électrique n'émet pas de CO_2 contrairement à ceux qui fonctionnent à l'essence ou au diesel. La vérité est bien différente.

Certes, aucun rejet de ce gaz n'apparaît lorsqu'un véhicule tout électrique circule puisque celui-ci n'a pas de pot d'échappement. Mais c'est ailleurs que les émissions prennent place, et ceci de deux manières différentes. Les unes surviennent pendant la construction du véhicule et de ses batteries. Les autres sont la conséquence de la production de l'électricité utilisée quand celui-ci roule.

Que le véhicule soit électrique ou non, sa phase de construction exige tout d'abord de multiples opérations pour que les matériaux utilisés soient extraits puis prennent forme et constituent progressivement les pièces qui, une fois assemblées, constitueront le produit fini. Et ces opérations, grosses consommatrices d'énergie, engendrent d'une manière ou d'une autre des émissions conséquentes de CO_2, évaluée à neuf tonnes pour un véhicule classique à motorisation thermique

Dans le cas d'une motorisation électrique, il faut en outre tenir compte de celles qu'implique la fabrication des batteries, d'autant plus que celles-ci sont très lourdes.

Il s'agit là d'un secret bien gardé. Pour disposer d'une autonomie raisonnable, les batteries des véhicules « tout électrique » sont très massives du fait d'une contrainte physique incontournable. La première pile a été inventée par l'Italien Alessandro Volta en 1800 mais, malgré 220 ans de recherche par des milliers d'ingénieurs de par le monde, la capacité énergétique des batteries reste très faible en regard de celle des hydrocarbures. Pour parcourir 300 kilomètres dans une voiture électrique, ce qui est le strict minimum acceptable, il faut que celle-ci dispose d'une batterie de 300 kilos au moins avec les techniques les plus modernes, et en ne roulant pas très vite. Pour le même parcours, une voiture traditionnelle moderne consommera de l'ordre de 18 litres de carburant pesant 15 kilos environ, **soit 20 fois moins !**

On découvre ici la faiblesse innée de la motorisation électrique, avec pour autre conséquence que celle-ci coûte nécessairement beaucoup plus cher que ses concurrents traditionnels, car ces très lourdes batteries nécessitent le recours à des métaux et à des « terres rares » qui sont à la fois peu abondants sur la planète et très onéreux à extraire et à transformer, ce qui explique que celles-ci représentent une part considérable du coût du véhicule, nécessairement importée aujourd'hui.

Lorsque la fabrication des batteries a lieu en Chine, ce qui est le cas dominant aujourd'hui, ce sont **26 tonnes** de CO_2 qui sont alors émises lors de la fabrication de chacune d'entre elles, car l'essentiel de l'électricité y provient de centrales à charbon.

Mais la fabrication des véhicules et de leurs batteries n'est pas la seule source potentielle d'émissions de CO_2. Tout dépend ensuite de la provenance de l'électricité que ceux-ci utiliseront pendant leur durée de vie. Si cette dernière provient exclusivement de sources entièrement « décarbonées », telles que des barrages ou des centrales nucléaires, elle n'engendrera aucune émission de CO_2 dans l'atmosphère. Mais il s'agit là de circonstances très minoritaires au niveau mondial.

Dans beaucoup de pays, comme la Chine, la grande majorité de l'électricité produite émane au contraire de centrales à charbon, et le résultat est sans appel : du fait de ces dernières **un véhicule électrique rejette alors au total dans l'atmosphère pendant sa vie plus de CO_2 que ceux qui fonctionnent à l'essence ou a fortiori avec un moteur diesel !**

Tout dépend donc du lieu où circule le véhicule concerné. Si l'on considère l'Union Européenne dans son ensemble, l'électricité produite y émane aujourd'hui à 40 % de centrales thermiques classiques, à 25 % de centrales nucléaires, à 10 % de barrages hydroélectriques, et à 25 % de sources d'énergies renouvelables intermittentes (éoliennes et panneaux photovoltaïques). Il en découle qu'en moyenne, une voiture électrique circulant en Europe émet au cours de sa vie entière presqu'autant de CO_2 qu'un véhicule à essence ou a fortiori diesel, comme l'a constaté l'Agence Européenne de l'Environnement peu suspecte de complaisance pour les carburants fossiles.

Encore ceci est-il une sous-estimation manifeste car un véhicule qui circule sur les routes européennes n'utilise pas l'électricité « moyenne », mais une électricité marginale provenant le plus souvent uniquement de centrales thermiques à gaz ou à charbon et non d'énergies renouvelables puisque celles-ci sont prioritaires sur le réseau et déjà consommées quoi qu'il arrive.

D'autres études arrivent également à la conclusion qu'en moyenne en Europe, les véhicules « tout électrique » émettent en réalité au long de leur vie plus de CO_2 que ceux qui ont recours aux motorisations habituelles.

Certes, il est prévu que la production d'électricité sur le Vieux Continent fera de moins en moins appel aux centrales thermiques à charbon, à lignite ou au gaz naturel. Mais cette « prévision » appelle deux considérations.

La première, déjà explicitée, tient à ce que personne ne sait comment faire pour qu'elle se réalise, compte tenu du caractère intermittent des énergies éoliennes et photovoltaïques et des réticences existant dans de nombreux pays devant le nucléaire. Elle est donc irréaliste et l'Union Européenne aura encore besoin de centrales thermiques classiques dans tout avenir prévisible.

En outre, à supposer même qu'une solution soit trouvée, quel serait alors l'impact sur les émissions mondiales de CO_2 si toute l'électricité du Vieux Continent était un jour décarbonée ? Aujourd'hui la totalité de la circulation routière européenne, poids lourds compris, engendre des rejets de 400 millions de tonnes de CO_2 chaque année, soit 0,4 milliard. En regard des 3 200 milliards de tonnes présentes actuellement dans l'atmosphère, la diminution serait donc de 0,4 milliard de tonne par an, soit de l'ordre de 8 000 fois moins, c'est-à-dire qu'elle n'aurait pas le moindre effet. Et c'est là l'essentiel à prendre en compte. **Comme dans tous les autres domaines, les efforts européens et les dépenses de centaines de milliards d'euros qu'ils impliquent**

pour réduire les émissions de CO_2 ne servent à rien. Faut-il enfin préciser que passer d'un niveau moyen d'émission de 95 grammes par kilomètre à 59, ce qu'exige l'Union Européenne, serait encore moins utile si possible.

Et les efforts dans ce domaine sont d'autant plus nuisibles à l'industrie du Vieux Continent, à son économie et donc à ses emplois, que les autres parties du monde ne la suivent pas sur la voie des véhicules électriques pour plusieurs raisons de bon sens.

Le prix, tout d'abord, est dissuasif compte tenu du coût des batteries. Pourquoi dépenser 30 à 50 % de plus pour acheter une voiture dont le rayon d'action est deux ou trois fois plus faible que celui de son homologue à essence ou diesel ? À de rares exceptions près, seuls d'ailleurs acquièrent des voitures électriques des clients aisés pour lesquelles elles sont le plus souvent le deuxième ou troisième véhicule. Il est vrai qu'il existe une clientèle pour des montres de luxe qui donnent exactement la même heure que les autres, mais elle est limitée... Et les subventions dont bénéficient aujourd'hui les véhicules électriques le sont donc au profit des riches, avec l'argent des pauvres.

La rareté des ressources nécessaires pour la construction des batteries est un autre facteur qui s'oppose à la généralisation de la motorisation électrique, alors même que le pétrole est abondant pour longtemps et à un coût de revient exceptionnellement faible en regard de son utilité. Aujourd'hui seuls 1 % à 2 % des véhicules routiers construits sur la planète ont recours à l'électricité pour l'essentiel de leur motorisation, et le pourcentage ne s'accroît guère pour ces deux raisons cumulées.

Il faut ajouter enfin que l'on ne sait pas vraiment comment traiter à grande échelle les batteries usagées, sinon par des opérations complexes donnant à nouveau lieu à des émanations de CO_2.

Pour l'ensemble de ces motifs de bon sens, la diffusion des motorisations électriques restera marginale au niveau planétaire en regard des 100 millions de véhicules routiers assemblés d'ordinaire chaque année dans le monde, et ceci quelles que soient les déclarations fantaisistes qui assurent que les véhicules fonctionnant aux carburants classiques seront interdits de vente ou de circulation dans 10, 15, ou 20 ans. De telles perspectives n'ont pas la moindre chance de voir le jour et n'engagent que ceux qui y croient.

Le reste du monde ne suit pas. La voiture électrique reste un phénomène de mode en Amérique du Nord où les distances à parcourir sont considérables, et même si celui-ci permet aux actions des firmes qui les fabriquent d'atteindre en bourse des niveaux aussi élevés qu'ils seront éphémères. Quant à la Chine, après des incitations massives qui ont permis un démarrage rapide de ce type de motorisation, elle vient de les restreindre et le marché s'effondre puisqu'il est artificiel.

Il est enfin impossible de passer sous silence le triple impact des véhicules électriques sur les finances publiques, car il est gigantesque.

Chacun sait tout d'abord que les carburants – essence et diesel – sont lourdement imposés en Europe. En France, il s'agit notamment d'une taxe autrefois intitulée TIPP et désormais baptisée TICPE qui, avec la TVA correspondante, rapporte chaque année **45 milliards d'euros** aux finances publiques. La disparition des carburants traditionnels priverait donc le budget français, comme celui des autres pays européens, d'une de ses ressources majeures qu'il faudrait bien remplacer par d'autres qui restent à définir, à moins que l'électricité utilisée pour les véhicules électriques ne soit un jour massivement taxée selon des modalités qu'il est difficile de percevoir.

Pour les véhicules électriques, c'est aujourd'hui l'inverse. Ceux-ci n'ont pour l'instant un marché, au demeurant très limité, que parce qu'ils bénéficient de subventions massives sans lesquelles ils seraient encore plus difficile à vendre. Celles-ci s'établissent actuellement en France à plus de 6000 euros par véhicule, et l'on imagine sans difficulté leur coût global si les 2 millions de voitures neuves habituellement vendues chaque année dans l'Hexagone devaient en bénéficier !

Enfin, ce n'est pas tout. Pour pousser à son terme la logique de la décarbonisation, on a vu qu'il fallait subventionner dans des proportions considérables la production de l'électricité correspondante, par le biais d'une hausse des tarifs acquittés par les utilisateurs. Les consommateurs allemands sont ainsi déjà confrontés à des tarifs deux fois plus élevés qu'ailleurs, avec pour conséquence un surcoût annuel de 25 milliards d'euros qui constitue pour l'essentiel une subvention déguisée aux énergies renouvelables intermittentes. La consommation qu'impliquent les véhicules électriques pousserait ce surcoût vers de nouveaux sommets si ceux-ci devaient se multiplier.

En définitive il est difficile d'imaginer scénario plus catastrophique pour les finances publiques.

S'agissant de notre pays, celui-ci serait privé de l'une de ses ressources publiques fiables et plus ou moins acceptée par la population lorsqu'elle n'est pas augmentée pour de fallacieux motifs comme l'a montré l'épisode des gilets jaunes. Il devrait continuer à subventionner la vente des véhicules électriques à concurrence de 12 milliards d'euros par an au rythme des subventions actuelles pour l'ensemble du parc. Enfin, à supposer qu'il poursuive sur sa lancée actuelle de développement des énergies renouvelables intermittentes, ce qui est malheureusement le cas aujourd'hui, c'est un autre montant supplémentaire de l'ordre d'une vingtaine de milliards que devraient acquitter les budgets des individus et des entreprises par le biais des factures d'électricité pour aller au bout de la logique.

On comprend sans mal la réaction du président de la firme PSA, Carlos Tavares, lorsqu'il déclara en 2018 : *« Le monde est fou. Le fait que les autorités nous ordonnent d'aller dans une seule direction, celle du véhicule électrique, est un tournant majeur. Je ne voudrais pas que dans 30 ans, on découvre que ce n'est pas aussi beau que cela en a l'air, sur le recyclage des batteries et l'utilisation des matières rares de la planète. Et comment allons-nous produire plus d'énergie électrique propre ? Comment faire pour que l'empreinte carbone de la fabrication d'une batterie et son recyclage ne soient pas des désastres écologiques… ? »*

Mais pourquoi les autres constructeurs et acteurs majeurs de la vie économique du pays se taisent-ils, si ce n'est pas par manque de conviction et de courage, et surtout parce qu'ils ont été convaincus par la doxa omniprésente qu'ils étaient *« le mal »*, alors que les automobiles et les camions sont au contraire d'extraordinaires outils de productivité et de qualité de vie. Ils ont le meilleur des dossiers, mais ils ne le savent pas car ils sont persuadés « qu'ils polluent la planète », vision sans fondement comme l'ont montré les pages précédentes de cet ouvrage.

Mais il faut obéir aux dictats de l'Union Européenne, alors même que ceux-ci ne servent rigoureusement à rien. La suppression totale des émissions de la circulation routière européenne réduirait la température terrestre de 0,004 degré en 2050 d'après les hypothèses du GIEC elles-mêmes...

Les véhicules hybrides

Il ne faut pas terminer ce développement sans parler des deux autres motorisations à composante électrique qui alimentent aujourd'hui la chronique, et sur lesquelles règnent souvent des idées confuses. Il s'agit des véhicules hybrides qui s'organisent en deux catégories très différentes, selon qu'ils sont rechargeables ou non.

Les hybrides non rechargeables

C'est au Japon, au sein de la firme Toyota, que fut imaginé il y a une vingtaine d'années puis mis en œuvre le principe de véhicules « hybrides », c'est-à-dire disposant à la fois d'un moteur thermique classique à essence et d'un moteur électrique. L'objectif recherché à l'époque était de réduire un peu la consommation de carburant. C'est en effet lorsqu'on accélère qu'elle s'envole avec les moteurs classiques, et le but recherché était que le moteur électrique prenne alors le relais pour que le moteur à essence fonctionne toujours de manière optimale et peu consommatrice.

Aussi surprenant qu'il paraisse, ce concept s'est révélé judicieux, le coût, au demeurant limité, d'un petit moteur électrique et d'une petite batterie supplémentaire étant compensé par les économies de carburant réalisées lors des phases d'accélération. Certes cette batterie procure alors une autonomie de 1 ou 2 kilomètres seulement, mais cela suffit à assurer l'économie de consommation recherchée, et le résultat obtenu permet de ramener en ville la consommation de carburant des véhicules ainsi équipés à celle de leurs homologues qui fonctionnent au diesel. Bénéficiant de la piètre réputation de cette motorisation au demeurant sans fondement aujourd'hui, les modèles hybrides correspondants ne nécessitent pas de subventions et connaissent un succès très honorable.

Les hybrides rechargeables

Il en va tout autrement des hybrides dits « rechargeables » dont l'objectif est tout autre. Ce dernier part du constat qu'une autonomie quotidienne de 40 kilomètres suffit dans la plupart des cas. Si les trois quarts du kilométrage annuel sont alors parcourus sans recourir au moteur à essence, et que le véhicule est rechargé à l'électricité pendant la nuit, le véhicule ne consommera sur l'ensemble de l'année que 1,5 litre ou 2 aux 100 kilomètres, son moteur à essence n'étant utilisé que lors de déplacements plus longs et exceptionnels.

L'idée est séduisante, et les véhicules hybrides rechargeables sont donc équipés de batteries leur procurant une autonomie de l'ordre d'une quarantaine de kilomètres qui peuvent être parcourus sans mettre en route le moteur thermique. Moins lourdes évidemment que celles des véhicules tout électriques elles n'en pèsent pas moins une soixantaine de kilos, avec les émissions de CO_2 que cela implique lors de leur fabrication. Si l'on ajoute le poids du moteur électrique et des équipements correspondants, le surpoids excède 200 kilogrammes par rapport à une véhicule classique. De plus, et de manière étonnante, des enquêtes récentes laissent entendre que, contrairement aux attentes, les propriétaires de ces voitures effectuent la plupart de leurs parcours en utilisant le moteur thermique et non celui qui fonctionne à l'électricité. Si c'était le cas, leur consommation de carburant n'aurait plus rien à voir avec les prévisions, et serait comparable à celle des voitures à essence sinon supérieure. L'enfer est parfois pavé de bonnes intentions.

Pourquoi ne pas laisser le marché jouer ? Pourquoi taxer d'un côté et subventionner de l'autre ?

Et pourquoi haro sur le diesel qui est désormais dépollué et ne rejette plus de produits menaçants la santé, et qui était une force traditionnelle de nos constructeurs ? On aurait voulu achever de tuer l'industrie nationale qu'on n'aurait pas pu faire mieux, comme le montrent les suppressions d'emplois en cours par dizaines de milliers dans l'Hexagone.

15

Tout ça pour ça !

Réduction de la température terrestre en 2050 dans l'hypothèse utopique de la neutralité carbone de divers émetteurs

Source : Modèles du GIEC

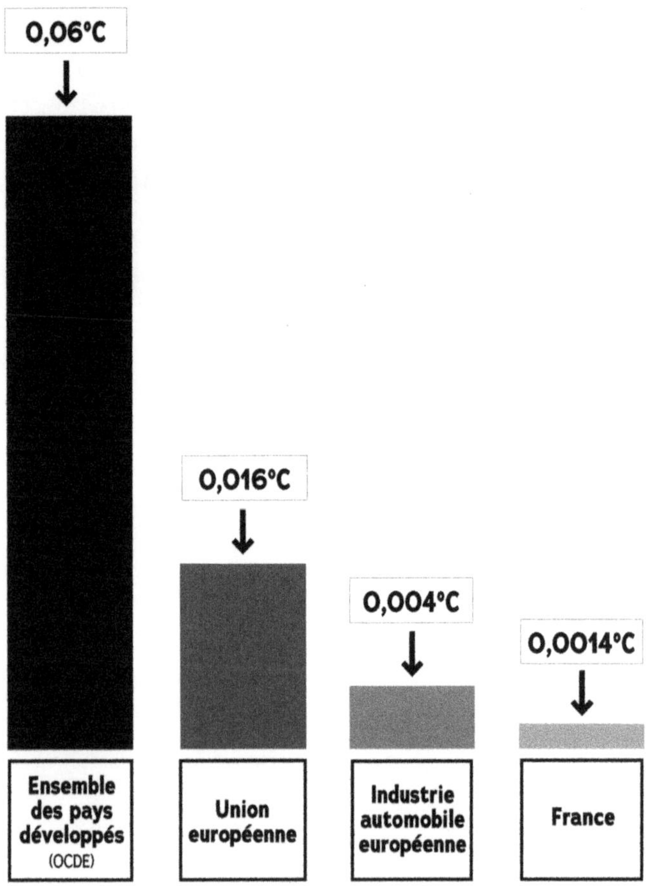

POINT 15

Le flux et le stock

Depuis sa création en 1988, le GIEC et de multiples autres organismes et personnalités demandent une réduction drastique des émissions anthropiques de CO_2, dans l'idée qu'il en résulterait une limitation de la hausse de la température terrestre, l'objectif étant de les ramener à zéro en 2050.

En reprenant les hypothèses mêmes du GIEC sans pour autant les cautionner, il est possible d'en déduire quelle serait selon ces dernières la baisse de la température terrestre pouvant résulter de l'hypothétique mise en œuvre d'une telle diminution des émissions.

Il est important de souligner à cet égard un point capital. Ce qui pourrait avoir une influence sur la température terrestre une année donnée est la masse de CO_2 alors présente dans l'atmosphère (le stock) et non celle des émissions au cours de celle-ci (le flux). Or les deux sont souvent confondues alors qu'elles n'ont rien à voir.

On a vu que la présence de CO_2, dans l'atmosphère (le stock) est traditionnellement mesurée par sa concentration par rapport aux autres gaz, exprimée en parties par million (ppm).

Actuellement, la concentration de CO_2 dans l'atmosphère est de l'ordre de 410 parties par million par rapport aux autres constituants (ppm), ce qui peut paraître très faible mais correspond à une masse globale de 3 200 milliards de tonnes, le facteur de correspondance entre les deux unités de mesure couramment admis étant de 7,8.

Les émissions annuelles de CO_2 résultant du recours par l'humanité aux hydrocarbures fossiles (pétrole, charbon, gaz naturel) s'élèvent actuellement quant à elles à 33 milliards de tonnes (Gt). Mais un peu plus de la moitié de celles-ci est spontanément absorbée par la végétation et les océans, et il en résulte que l'accroissement de la quantité de CO_2 présente dans l'atmosphère (le flux) imputable à l'usage des hydrocarbures fossiles est aujourd'hui de l'ordre de 16 milliards de tonnes par an, soit de 1/200e seulement des 3 200 milliards de tonnes aujourd'hui présentes dans l'atmosphère.

La contribution de l'Union Européenne à cet accroissement n'excède pas pour sa part 1,6 milliard de tonnes soit 1/2 000e de la masse de CO_2 présente dans l'atmosphère, et celle de la France dix fois moins encore, soit 1/20 000e. La mise en parallèle de ces chiffres, rarement faite à cause du recours à des unités de mesure différentes pour le flux et le stock, montre à elle seule les limites de l'action possible. En l'occurrence les petits ruisseaux ne peuvent faire de grandes rivières.

Quel serait en effet l'impact sur le stock atmosphérique de CO_2 de l'utopique suppression d'ici 2050 des émissions mondiales demandée par le GIEC ? L'accroissement annuel de celui-ci passerait progressivement de 16 milliards de tonnes par an actuellement à zéro en 2050, soit une diminution annuelle moyenne de 8 milliards de tonnes, entraînant sur les 32 ans qui nous séparent de cette date une diminution de la masse de CO_2, atmosphérique de 256 milliards de tonnes au total par rapport à son évolution prévisible.

En regard des quelques 3 700 milliards de tonnes qui seraient alors présentes en 2050 dans l'atmosphère dans l'hypothèse de la poursuite des émissions à leur rythme actuel, la réduction de la masse du CO_2 serait donc de 7 % seulement. On voit ici la différence de l'influence sur le flux d'une part (moins 100 %), et sur le stock de l'autre (moins 7 %).

Quelle serait alors l'influence sur la température terrestre en 2050 de cette diminution de 7 % du stock du CO_2 atmosphérique, selon les modèles du GIEC, à supposer que ceux-ci soient valides.

Les calculs montrent alors que la diminution de la température terrestre n'excéderait pas 0,16 C° [1] Il est également possible de calculer l'impact qu'aurait pour sa part la suppression d'ici 2050 des émissions de divers émetteurs. La contribution à la diminution de la température du globe serait ainsi de 0,06 degré si l'ensemble des pays développés supprimait d'ici 2050 la totalité de ses émissions. Elle n'excéderait pas 0,024 degré pour les États-Unis, 0,016 degré pour l'Union européenne (dont 0,004 pour les véhicules routiers) et 0,0014 degré pour la France ! Ainsi, la suppression complète des émissions de CO_2 de ces différents acteurs n'aurait aucun effet perceptible en 2050 d'après les modèles du GIEC eux-mêmes. Et ceci supposerait qu'elle relève du domaine du possible alors que toutes les prévisions montrent qu'il n'en est rien.

1. Cf. Christian Gerondeau. *Oui vous pouvez acheter un diesel*, Éd. L'Artilleur.

Une conclusion découle des considérations ci-dessus. Du fait du faible poids des émissions anthropiques en regard de la masse de CO_2 heureusement présente dans l'atmosphère terrestre car indispensable à la vie, l'humanité ne peut avoir aucune influence significative à échéance humaine sur la température planétaire et donc sur le climat, même dans l'hypothèse où ces derniers dépendraient du CO_2 atmosphérique. Contrairement à ce qui est sans cesse répété, les efforts consentis à cette fin ne peuvent servir à rien.

16

Pollution de l'air : la disparition

Source : Airparif

Le dioxyde de soufre (SO_2)
(Microgrammes par mètre cube)

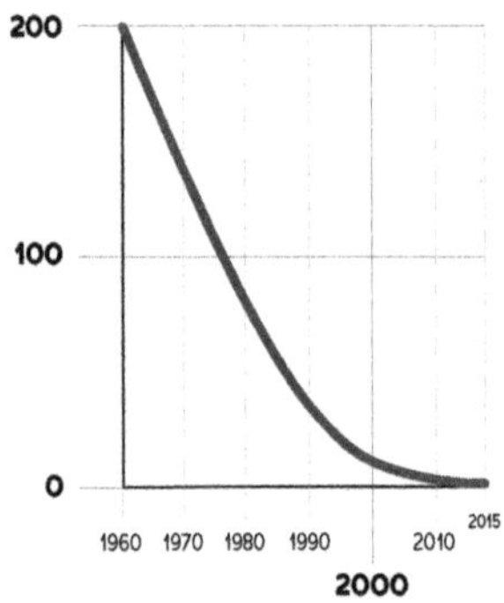

Les particules fines
– fumées noires –
(Microgrammes par mètre cube)

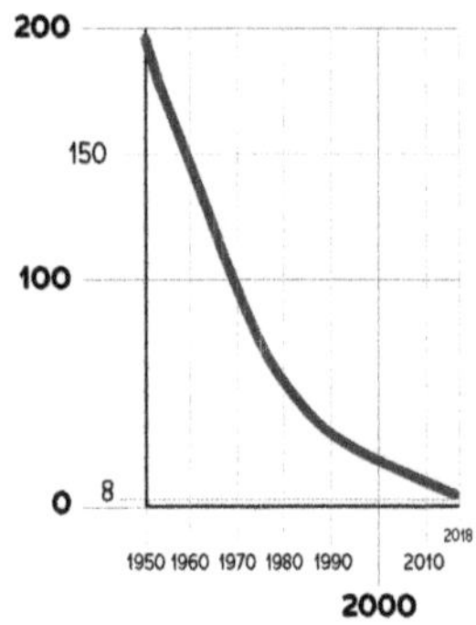

Le dioxyde d'azote (NO_2)
(Microgrammes par mètre cube)

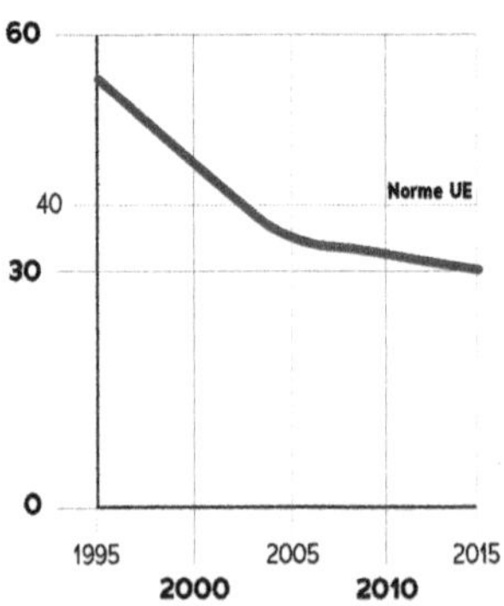

Le plomb (Pb)
(Microgrammes par mètre cube)

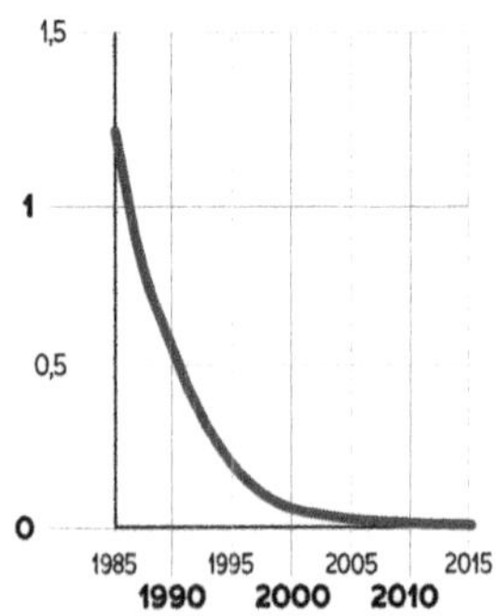

POINT 16

L'air est pur, mais personne ne le sait

À priori, un développement sur la pollution de l'air ne devrait pas figurer dans un livre essentiellement consacré au climat. S'il l'est ici, c'est parce que les sondages montrent que la confusion règne dans l'esprit de nos compatriotes. Ceux-ci mêlent CO, CO_2, SO_2, NO_2, CH4, particules fines, etc. et pensent dans leur grande majorité que la pollution de l'air de nos villes a une influence sur le climat et la confondent pour une large part avec elle.

Mais c'est aussi parce que règnent tout autant les idées fausses quant à la qualité de l'air, soigneusement entretenues par ceux qui y ont intérêt. S'agissant de la pollution, la situation est en effet caricaturale. Jamais l'air n'a été aussi pur dans les villes des pays développés depuis le Moyen-Âge, et jamais nos contemporains n'ont eu une vision aussi négative des choses.

S'il est quelque chose d'essentiel pour notre santé, mais aussi pour juger des bienfaits ou des méfaits du progrès, c'est bien la qualité de l'air que nous respirons. Ce peut être une question de vie ou de mort. Or nos compatriotes sont unanimes ou presque : la situation est à cet égard catastrophique et nous vivons dans un environnement de plus en plus pollué et dangereux.

Interrogés en juin 2018 par l'IFOP pour savoir quelles étaient leurs certitudes, la réponse est sans ambages : 88 % d'entre eux sont convaincus que la pollution de l'air augmente dans nos grandes villes et même 63 % qu'elle s'y accroît beaucoup. Et si 9 % estiment qu'elle y stagne, ils ne sont que 3 % à oser affirmer qu'elle régresse, dont 1 % qu'elle diminue beaucoup, ce qui est la vérité.

C'est donc une quasi-unanimité dont les spécialistes des sondages d'opinion affirment qu'elle est rare. Rien ne distingue à cet égard les hommes des femmes, les habitants des villes de ceux des campagnes, ou les actifs des retraités. Mais s'il est possible, les jeunes sont encore plus pessimistes que les autres. 93 % d'entre eux sont convaincus d'inhaler un air de plus en plus pollué et donc très dangereux, avec ce que ceci implique pour leur vision du monde et de négation du progrès.

SONDAGE IFOP JUIN 2018	
À VOTRE AVIS, LA POLLUTION DE L'AIR	
Augmente beaucoup	63 %
Augmente un peu	25 %
Stagne	9 %
Diminue un peu	2 %
Diminue beaucoup	1 %

Or, s'agissant de la pollution de l'air, rien n'est plus facile que de savoir ce qu'il en est. Nous disposons aux quatre coins du territoire national d'organismes spécialisés dans l'observation des principaux polluants potentiels au sein de l'air que nous respirons. Le plus connu, Airparif, couvre l'Ile-de-France, mais vingt et un autres quadrillent le pays avec des moyens humains et financiers considérables, de telle sorte que s'il existe un domaine où tout est observé, connu, enregistré et analysé, c'est bien celui de l'évolution de la qualité de l'air que nous respirons et des polluants qui peuvent dégrader celle-ci.

Or, contrairement à ce que traduisent les résultats du sondage évoqué ci-dessus, les multiples organismes qui traitent du sujet sont unanimes : la qualité de l'air s'améliore à grands pas dans nos villes et ailleurs comme en témoignent quelques citations.

« *La qualité de l'air s'est améliorée sur la période 2000-2016. La baisse des émissions, amorcée il y a plusieurs années suite à la mise en place de différentes stratégies et plans d'actions a permis une amélioration globale de la qualité de l'air que nous respirons. Les concentrations moyennes de polluants diminuent…* » (Bilan de la qualité de l'air en France en 2016 – Commissariat Général au Développement Durable).

« *Les progrès ont été sensibles en 20 ans et les quantités de certains polluants rejetés ont diminué dans des proportions très importantes* ». (La pollution de l'air extérieur – Novembre 2016 – ADEME).

« *De 2000 à 2016, la pollution de l'air des villes s'est améliorée. Pour les trois polluants primaires majeurs, les concentrations ont baissé significativement* ». (Observations et Statistiques. Ministère de l'Environnement Durable).

S'agissant des « fumées noires », Airparif dresse un bilan qui ne peut manquer d'étonner « le non initié » : « *Depuis la fin des années 1950 les niveaux moyens de fumées noires ont quasiment été divisés par 20 (vingt) à Paris. Cette très forte amélioration est due à la baisse importante des émissions des suies issues de la combustion du charbon, et à l'amélioration des procédés de traitement des échappements automobiles. Les teneurs de 2009 à 2017 sont les plus faibles jamais enregistrées…* ». (Bilan de la qualité de l'air – Année 2017 – Airparif). Et la chute s'est poursuivie depuis lors. Or les « fumées noires » comprennent les « particules fines » que des rapports officiels fantaisistes accusent de provoquer 48 000 décès chaque année.

De telles citations pourraient être multipliées sans fin. Il n'est partout question dans les observations officielles que d'améliorations massives, et pas une seule d'entre elles ne peut être trouvée qui parlerait de dégradation de la qualité de l'air, ce qui ne peut manquer de conduire à une question. Comment ces multiples organismes, censés informer avec transparence l'opinion publique et payés par le contribuable pour cela, arrivent-ils au stupéfiant degré de désinformation que traduit le sondage qui ouvre ce point ? Quels stratagèmes, quelles malversations, mais aussi quels mensonges utilisent-ils pour aboutir à ce résultat sur un domaine essentiel : celui de notre santé, mais aussi de notre vision du monde dans lequel nous vivons. De quels appuis bénéficient-ils ?

Car, alors que l'amélioration est partout spectaculaire, la proportion de nos concitoyens qui estime que la pollution de l'air augmente beaucoup est passée de 36 % en 2002 (sondage Ipsos) à 63 % en 2018, le pessimisme s'accroissant d'autant plus que la situation s'est améliorée.

Il ne faut pas s'y tromper. Il s'agit d'une des plus grandes manipulations de l'opinion de ce début de siècle, dûment voulue et organisée, qui trompe tout un peuple bafoué dans son droit à la vérité sur un aspect central de sa vie quotidienne.

Et cette perception négative de l'évolution de la qualité de l'air n'est pas sans influence directe sur celle que nous avons du climat.

Bien que les deux phénomènes n'aient aucun rapport, la confusion est en effet presque totale. Interrogés à nouveau par l'IFOP en octobre 2018, 96 % de nos compatriotes ont déclaré que la pollution de l'air de nos villes contribuait au réchauffement climatique (42 % beaucoup ; 35 % assez ; 19 % un peu) !

Seuls 4 % ont affirmé la vérité qui veut que les deux phénomènes n'aient aucun rapport puisqu'une éventuelle influence humaine sur le climat ne pourrait éventuellement résulter que de l'accroissement de la présence des gaz à effet de serre, et notamment du CO_2 qui n'est en rien un polluant local puisque chacun de nous en émet lorsqu'il respire !

Tout ceci s'explique aisément. Des milliers de fonctionnaires ont été recrutés pour des « observatoires » de la qualité de l'air qui n'ont pratiquement plus rien à observer. Ils réagissent alors comme le ferait tout être humain : il leur faut trouver une justification à leur travail car ils ne peuvent imaginer que la puissance publique les rémunérerait pour rien.

S'ils faisaient connaître la vérité, c'est-à-dire que la pollution de l'air a disparu en France, et plus généralement dans tous les pays développés comme en témoigne entre-autres la blancheur retrouvée de nos monuments, ils seraient pour le moins désemparés. Alors ils inventent, et parfois jusqu'à la caricature, l'un des stratagèmes les plus courants étant de changer constamment et scandaleusement les normes à respecter pour faire apparaître comme des évolutions dramatiques ce qui est en réalité une amélioration continue[1].

1. Christian Gerondeau, *L'air est pur à Paris, mais personne ne le sait*, Éd. L'Artilleur.

L'entrée en vigueur au 1er Janvier 2021 de nouvelles normes de qualité de l'air, avec la bénédiction des instances européennes, s'inscrit dans cette tradition bien établie. Le nombre de jours au cours desquels l'air de Paris a été déclaré, à tort de surcroît, comme étant de mauvaise ou très mauvaise qualité en 2020 n'a pas excédé 10. Si les nouvelles normes avaient été appliquées, il aurait été de 80 ! Attendons-nous donc à entendre le tocsin sonner de plus en plus fréquemment, et à voir nos compatriotes de plus en plus convaincus qu'ils respirent un air de plus en plus irrespirable, alors que celui-ci n'a jamais été aussi pur dans nos villes depuis le Moyen-Âge où régnaient des feux de bois dégageant des fumées qui noircissaient très vite les façades de nos cathédrales et de nos demeures et encrassaient nos poumons. Il y a quelque chose de pourri au Royaume du Danemark.

Le 27 Novembre 2018, le Président de la République déclarait, en réponse aux « gilets jaunes » :

> *« Toutes les dix minutes un Français meurt prématurément du fait de la pollution de l'air, et notamment des particules qui proviennent de la combustion des énergies fossiles. Cette hécatombe, c'est 48 000 décès par an, c'est plus que tous les accidents de la route, tous les suicides, tous les meurtres, toutes les noyades, tous les accidents domestiques réunis. »*

Or la pollution aux particules fines a disparu de notre territoire, puisque celles-ci ont pour l'essentiel été éliminées des rejets des usines, de chauffages des immeubles, et des véhicules désormais soumis heureusement à des normes très strictes. Les relevés effectués sur l'ensemble du territoire montrent d'ailleurs qu'il n'y a pratiquement plus de différence entre la campagne et les villes, les concentrations ayant été divisées par plus de 20 ces dernières années. On compte ainsi pour les particules fines de moins de 2,5 microns (PM 2,5) 10 microgrammes par mètre cube en zone rurale et dans les communes de moins de 20 000 habitants, contre 11 dans les zones urbaines de plus de 100 000 habitants !

Curieusement, la seule différence vraiment significative qui subsiste est liée à l'altitude, car la concentration de ces particules n'excède pas 4,9 microgrammes par mètre cube dans les zones montagneuses de plus de 2 000 mètres d'altitudes. C'est pourtant cette valeur qui été prise comme but à atteindre par le modèle fantaisiste de l'organisme « Santé Publique France » qui a abouti à la conclusion que, selon les hypothèses retenues, le nombre de morts imputables à cette pollution disparue s'étageait entre 11 (onze !) et 74 426 (!) par an, la valeur de 48 000 étant alors mise en exergue. Bien entendu une telle « étude », menée par 2 ou 3 personnes, n'a été cautionnée par aucune autorité véritablement compétente.

À titre de comparaison, on relèvera que la concentration moyenne de ces mêmes particules fines s'élève au Caire ou à Ryad à plus de 100 microgrammes par mètre cube, non pas du fait de la présence de véhicules diesel, mais de la proximité du désert où le vent de sable les soulève. Il arrive d'ailleurs que les particules du Sahara atteignent parfois la France, où elles élèvent alors considérablement les concentrations relevées par les appareils de nos observatoires, en même temps que notre ciel devient orange, et où elles justifient des restrictions de circulation alors que celle-ci n'y est évidemment pour rien !

Il reste une dernière interrogation déjà formulée. Pourquoi les industries de l'automobile, de l'aviation, du pétrole ou de la chimie ne financent-elles pas des campagnes d'information dont le coût serait dérisoire à leur échelle pour faire connaître l'amélioration fulgurante de la qualité de l'air qui est dûe pour l'essentiel à leurs efforts, et que personne ne pourrait démentir puisqu'il s'agirait simplement de faire connaître les chiffres officiels, c'est-à-dire la vérité ? Tant que ces activités se comporteront en coupables alors même qu'elles constituent le socle de la prospérité des pays développés et de la sortie de la pauvreté des pays émergents, il n'y a aucune raison pour que les choses changent.

Il suffirait qu'un seul des acteurs concernés en ait la volonté. Ce serait le plus grand service qu'il rendrait non seulement à sa propre entreprise, mais à la Société tout entière.

Transition

Il apparaît à l'issue de cette première partie du livre que les tenants d'une vision négative de l'Homme, supposé être responsable de changements dramatiques du climat et de l'environnement et menacer l'avenir de la Planète elle-même, ont désormais triomphé.

Il existe pourtant des milliers de scientifiques, d'observateurs, de membres des médias, ou plus simplement d'hommes et de femmes de bon sens qui mettent en doute leurs affirmations et les contestent. Mais ils ont été jusqu'à président inaudibles et il faut se demander pourquoi.

C'est que la peur, sinon la terreur qu'engendre la perspective partout annoncée d'un réchauffement dramatique du globe aveugle les meilleurs esprits. Face à elle, la raison n'a plus cours. Il est alors inutile de dénoncer l'absurdité des multiples décisions prises aujourd'hui au nom d'une écologie dévoyée et l'ampleur des gaspillages qu'elles entraînent. Aussi longtemps que prévaudra la conviction que la planète est en danger mortel et qu'il est possible de la sauver à condition d'agir, les messages correspondants ne serviront à rien et les décideurs y resteront obstinément insensibles comme chacun ne peut que le constater.

C'est pourquoi les efforts de ceux qui veulent changer le cours des choses doivent d'abord sinon uniquement porter sur les deux vérités que véhicule ce livre : la perspective d'un réchauffement sans précédent de la planète ne repose sur rien ; et l'idée que l'humanité puisse renoncer aux hydrocarbures et réduire ses émissions de CO_2 est une utopie. C'est là leur devoir et cet ouvrage a vocation à leur procurer les arguments nécessaires s'ils en ont besoin.

La seconde partie de ce livre va maintenant montrer comment, en un demi-siècle, quelques hommes ont réussi à imposer au monde leur vision de l'humanité, comment ils ont pris le pouvoir au sein des institutions internationales et nationales les plus influentes, et quels usages délétères ils en ont fait, ne renonçant à aucune forfaiture pour faire partager au monde leur propres convictions d'un noir pessimisme, avec succès jusqu'à présent.

SECONDE PARTIE

CHAPITRE I

La naissance d'un mythe fondateur

Comment transformer en éminents climatologues plus de mille experts qui n'y connaissent rien en climat et leur faire dire ce qu'ils n'ont jamais dit

AVERTISSEMENT

Depuis sa création en 1988, l'organisme intitulé dans sa langue d'origine IPCC (Intergovernmental Panel on Climate Change) et connu en français comme GIEC (Groupe d'experts Intergouvernemental sur l'évolution du climat) n'a cessé de jouer un rôle central dans le dossier climatique.

Le GIEC est une filiale commune du Programme des Nations-Unies pour l'Environnement, c'est-à-dire du Ministère de l'Environnement des Nations-Unies, (PNUE ou UNEP en anglais) et de l'Office Météorologique Mondial (OMM), lui-même agence spécialisée de l'ONU. Le GIEC est donc une émanation des Nations-Unies.

Le GIEC produit tous les 5 ou 6 ans des rapports d'évaluation (Assessment Reports) auxquels peuvent s'ajouter entre temps des rapports spécialisés traitant de questions particulières.

Parmi l'ensemble des rapports publiés par le GIEC depuis sa création, deux se distinguent par l'impact décisif qu'ils ont eu sur la politique mondiale de l'énergie et du climat, dont ils constituent désormais les références incontestées jusqu'à ce jour.

Il s'est agi tout d'abord du troisième rapport d'évaluation publié en 2001. (Third Assessment Report, dit TAR). On a vu comment celui-ci, sans la moindre preuve et par une démarche qui ne doit rien à la science mais tout à la manipulation avait mis en exergue le seul scénario sur 245 qui évoquait l'éventualité d'un réchauffement de près de 6 degrés de la planète en 2100 et dont on ignore tout. Même si l'on évoque plus souvent aujourd'hui, et toujours sans la moindre preuve, le chiffre de 4 degrés, c'est ce travestissement des faits qui a réussi à ancrer dans l'imaginaire collectif la conviction que notre planète se dirigerait vers la catastrophe si rien ne changeait, et notamment si l'humanité continuait à émettre du CO_2, c'est-à-dire à avoir recours au pétrole, au gaz naturel et au charbon.

Encore fallait-il préciser de quelle source énergétique l'humanité pourrait alors disposer, personne ne soutenant l'idée qu'il soit possible de se passer d'énergie. C'est pour répondre à cette question majeure que fut lancée en 2009 par le GIEC l'élaboration d'un rapport particulier intitulé SRREN (Special Report On Renewable Energy Sources and Climate Mitigation), afin de déterminer dans quelle mesure les énergies renouvelables pourraient se substituer aux hydrocarbures fossiles. Publié en 2011, ce rapport fondateur de la politique énergétique mondiale fera l'objet des pages qui suivent. Mais auparavant, une rapide description de ce qu'est le GIEC s'impose. Contrairement à ce qu'affirme explicitement son intitulé en français (Groupe d'experts Intergouvernemental sur l'Évolution du Climat), le GIEC n'est tout d'abord en rien un groupe d'experts, et le mot *expert* ne figure pas dans sa dénomination en anglais qui seule fait foi : Intergovernmental Panel on Climate Change, ou IPCC.

L'introduction mensongère du mot « expert » dans la traduction en français – comme dans les autres langues – du titre d'origine est à elle seule révélatrice de l'absence totale de scrupules de ceux qui y ont procédé, convaincus qu'ils agissaient pour la bonne cause. Comme le montre tout dictionnaire, « panel » se traduit simplement par groupe. S'ils avaient voulu dire « groupe d'experts », les fondateurs de l'organisme onusien auraient employé l'expression « panel of experts », comme le spécifie à nouveau tout dictionnaire.

Ce mensonge fondateur est capital car, contrairement à la croyance désormais universelle et grâce à lui, le GIEC a réussi à faire croire qu'il était composé d'experts alors qu'il n'en est rien.

Les seuls effectifs permanents du GIEC se trouvent au sein d'un secrétariat de treize personnes hébergées à Genève par l'Organisation Météorologique Mondiale et dont les deux responsables, anciens fonctionnaires de l'ONU étaient à l'époque du rapport SRREN respectivement diplômés de biosciences et de zoologie, disciplines sans guère de rapport avec le climat. Comme son nom l'indique, le rôle de ce secrétariat est strictement fonctionnel.

C'est que le GIEC n'a rien d'un organisme technique et encore moins scientifique contrairement à ce qu'il prétend affirmer par cette traduction mensongère. C'est une structure fondée sur le modèle de l'ONU, un clone de cette dernière, à caractère administratif et politique, et dont le rôle est de représenter le point de vue des gouvernements qui la composent, comme l'indique clairement le vocable « intergouvernemental » et non *« international »* qui figure dans son titre.

La vérité, c'est que la structure centrale qui gère le GIEC, son Bureau d'une trentaine de membres, est composée en quasi-totalité de personnes qui ne sont en rien des experts du climat et n'y connaissent rien. Le président en fonction de 2002 à 2015, c'est-à-dire à l'époque du rapport de 2011, l'Indien Rajendra Pachauri, était ingénieur des chemins de fer. Deux de ses trois vice-présidents, le Soudanais Ismail Gizouli et le Coréen Hoesing Lee, étaient respectivement titulaire d'un master en recherche opérationnelle et spécialiste de l'économie de l'énergie. Aucun des trois ne possédait la moindre qualification climatique, et il en était de même pour la quasi-totalité des membres de ce Bureau, pour la bonne raison que la majorité d'entre eux est issue de pays qui ne disposent pas d'un seul climatologue, les règles voulant notamment que la moitié de ses membres émanent de pays en voie de développement.

Il n'y a là rien d'étonnant. Parmi les 195 pays qui composent le GIEC, une dizaine tout au plus dispose d'une expertise valable dans les multiples disciplines qui traitent du climat, et la plupart n'en ont pas. Comme le GIEC est un organisme *politique* et non *scientifique*, **son bureau est entre les mains d'une grande majorité de personnes ne détenant pas la moindre compétence à l'égard de l'objet même de l'organisme.** Ceux qui y possèdent une qualification se rapprochant quelque peu de la climatologie se comptent sur les doigts d'une main et servent de caution à tous les autres.

Mais s'ils ne connaissent rien en matière de climat, pourquoi les autres membres du Bureau se sont-ils toujours montrés aussi unanimes depuis sa création ? Comment peuvent-ils n'émettre aucun doute quant à la responsabilité de l'humanité sur le climat alors que celui-ci a toujours varié et souvent beaucoup plus qu'aujourd'hui, avec ou sans l'homme ? C'est que tous présentent une autre caractéristique. Ils sont désignés par le ministre de l'Écologie de leur pays et ne peuvent évidemment contredire les thèses officielles partout répétées. Le cercle est ainsi bouclé.

N'en comportant aucun ou presque en propre, le GIEC doit donc avoir recours à des experts extérieurs, qui sont choisis et mandatés par les quelques membres de son Bureau qui y détiennent la réalité du pouvoir car, depuis sa création, le GIEC a toujours été entre les mains d'un petit nombre de personnes soigneusement choisies pour leur militantisme.

Les travaux des experts extérieurs donnent alors lieu à des rapports dont les conclusions sont soumises *au vote* d'une Assemblée Générale composée des représentants des 195 gouvernements qui composent le GIEC. Il est inutile de dire que ceux qui votent lors de ces Assemblées Générales s'y connaissent si possible encore moins en matière de climat que la plupart des membres du Bureau du GIEC. Et ce sont pourtant eux qui ont à se prononcer sur des documents de nature scientifique de milliers de pages par un processus qui n'est pas sans rappeler celui d'une autre époque. Faire voter par des personnes incompétentes des textes de nature scientifique revêt un caractère profondément choquant qui a été en d'autres temps celui du Lyssenkisme. C'est pourtant ainsi qu'a été volontairement conçu le GIEC dès l'origine et à dessein.

Pour comprendre comment un organisme qui n'en comporte pas peut faire travailler des experts extérieurs, et quel usage dévoyé il peut faire de leurs travaux en n'en tenant aucun compte, le mieux est de se référer à ce rapport spécial SRREN sur les énergies renouvelables de 2011, car il est particulièrement illustratif des résultats auxquels peuvent conduire de telles caricatures d'une démarche qui se prétend scientifique alors qu'elle est déshonorante.

o

o o

COMMENT FAIRE DIRE À PLUS DE MILLE EXPERTS CE QU'ILS N'ONT JAMAIS DIT ?

Le 9 mai 2011, une information émise à Abu-Dhabi par le GIEC était reprise par les agences de presse et les médias du monde entier : *Les énergies renouvelables pourraient répondre en 2050 à près de 80 % des besoins énergétiques de l'humanité. (Close to 80 percent of the world's energy supply could be met by renewables by mid-century…).*

Le Président du GIEC de l'époque lui-même, M. Rajendra Pachauri, appuyait cette déclaration en déclarant : « *Le GIEC vient de rassembler l'information la meilleure et la plus appropriée pour procurer au monde une estimation scientifique du potentiel des énergies renouvelables à réduire le changement climatique. Ce Rapport Spécial peut servir de base solide aux décideurs politiques pour s'attaquer à ce défi majeur du* XXI*e* *siècle* ».

Ce Rapport SSREN avait été élaboré par une émanation du Groupe III du GIEC au cours de plus de deux ans de travaux auxquels avaient participé 389 experts qui se sont réunis une dizaine de fois aux quatre coins du monde. Il a bénéficié en outre de 24 766 commentaires en provenance de 787 autres experts ou représentants de gouvernements, de telle sorte que **1 176 noms figurent sur le rapport**. Il a ensuite été approuvé à l'unanimité à Abu-Dhabi par les 195 pays membres du GIEC, c'est-à-dire en pratique par l'ensemble des Nations-Unies.

À priori, il y aurait donc tout lieu de se réjouir. Puisque les énergies renouvelables pourraient répondre à près de 80 % de la demande, il en découle qu'il serait possible de limiter au milieu du XXIe siècle la part des énergies fossiles à 20 % tout au plus des besoins de l'humanité et donc de réduire drastiquement les émissions globales de CO_2, permettant ainsi de maîtriser la concentration de gaz à effet de serre dans l'atmosphère, et par là même de réduire l'élévation massive de la température de la planète prédite par le GIEC depuis son rapport de 2001.

Une telle éventualité justifierait la raison d'être du GIEC. Elle légitimerait toute son action et les dépenses multiples et considérables faites partout dans le monde à sa demande pour réduire les émissions de CO_2 en vue de « sauver la planète ». À l'inverse, s'il n'était pas possible de maîtriser les émissions de gaz à effet de serre, les dépenses considérables que les Nations-Unies demandent aux différents États, aux entreprises et aux particuliers d'engager pour réduire les émissions de CO_2 perdraient leur justification.

Il s'agit là d'une question de vie ou de mort pour le GIEC. Toute son action est fondée sur l'affirmation que les émissions de CO_2 engendrées par les activités humaines entraînent le changement du climat. S'il s'avérait qu'il ne soit pas possible de réduire fortement ces émissions, le GIEC n'aurait plus de raison d'être.

L'annonce faite à Abu-Dhabi pose toutefois un problème. Le rapport SRREN met en exergue que la part des énergies renouvelables pourrait atteindre 43 % en 2030 et 77 % en 2050. Plus précisément, la part des énergies intermittentes *d'origine éolienne et solaire* atteindrait 27 % en 2030 et 63 % en 2050, le reste des énergies renouvelables étant fourni par la biomasse (brûlage du bois essentiellement) et l'hydroélectricité, le terme « énergie renouvelable » étant volontairement ambigu à cet égard.

Ce sont donc les énergies d'origine éolienne et solaire qui répondraient à la grande majorité des besoins de la planète dans 30 ans, les énergies fossiles – charbon, pétrole, gaz naturel – étant réduites à la portion congrue. Tel est en tout cas ce que proclame haut et fort le GIEC dans ce rapport et dans toutes ses déclarations depuis lors. C'est rigoureusement le contraire de ce qu'affirment depuis toujours les spécialistes de l'AIE, qui étaient arrivés à la conclusion que la part cumulée de l'éolien et du solaire ne pourrait excéder au mieux 5 % en 2040, et 10 % en 2050, *au lieu des 63 % annoncés par le GIEC*, les énergies fossiles continuant à être indispensables pour l'essentiel des besoins de l'humanité.

On lisait d'ailleurs dans le rapport de synthèse de 2007 du même GIEC : « Les émissions mondiales de gaz à effet de serre augmenteront de 25 % à 90 % entre 2000 et 2030, les combustibles fossiles gardant une place prépondérante parmi les sources d'énergie jusqu'en 2030 et au-delà... ». Le GIEC se contredisait donc lui-même.

Et l'expérience récente de l'Union Européenne a confirmé que les énergies renouvelables intermittentes ne pourraient répondre à plus du dixième des besoins énergétiques de l'humanité du double fait qu'elles ne peuvent engendrer dans des conditions économiquement acceptables que la moitié de l'électricité, et que l'électricité elle-même ne répond qu'à un cinquième environ des besoins énergétiques des pays développés, les autres quatre cinquièmes étant essentiellement fournis par l'usage direct du gaz naturel, du charbon ou du pétrole comme carburant notamment.

Quand on est à ce degré de travestissement de la réalité, c'est évidemment de mensonge qu'il faut parler, ce qui conduit à se demander comment a procédé le GIEC pour pouvoir dire et écrire qu'il avait l'accord de 1 176 experts. La réponse à cette question a d'autant plus d'importance que cette stratégie est la même que celle que le GIEC avait employée en 2001 pour affirmer qu'il avait le soutien unanime de la communauté scientifique quant à ses allégations sans fondement concernant l'évolution future du climat et le réchauffement de la planète.

Prise individuellement et à une exception près, aucune des 1 176 personnes dont les noms figurent sur le rapport SRREN n'aurait jamais signé le stupéfiant communiqué de presse d'Abu Dhabi. Pourtant, c'est en s'appuyant sur la présence de leur nom sur ce document que les responsables du GIEC continuent encore aujourd'hui d'affirmer sans sourciller que celui-ci, résultat de deux années de travaux assidus, « peut servir de base solide aux décideurs politiques », qu'il résulte d'un « consensus unanime », que *« la science a parlé »*, et que près de 80 % de l'approvisionnement de la planète pourrait provenir en 2050 des énergies renouvelables comme l'a réaffirmé ensuite le 30 novembre 2011 son président Rajendra Pachauri lors du sommet de Durban et à de nombreuses reprises plus tard, et comme le proclament toujours sans cesse les secrétaires généraux successifs des Nations-Unies eux-mêmes.

Comment expliquer une telle invraisemblance dont il est inutile de souligner qu'elle met à mal toute la crédibilité du GIEC ? Comment peut-on faire cautionner par plus d'un millier de scientifiques le contraire de l'évidence ? Comment une telle utopie a-t-elle pu être approuvée par un vote *unanime* des 195 pays qui composent le GIEC ?

Telles sont les questions qui ne peuvent manquer d'interpeller toute personne ne connaissant pas les procédures mises en place depuis plus de trente ans pour travestir la réalité lorsqu'il s'agit de la « bonne cause ».

La réponse à ces questions est d'autant plus capitale que c'est précisément sur la base de ces affirmations du GIEC que tous les chefs d'État et de gouvernement de la planète se sont réunis à Paris en décembre 2015, puis à nouveau en 2020 sous forme virtuelle, pour chercher, une fois de plus, comment réduire puis supprimer les émissions de CO_2, c'est-à-dire la consommation d'énergies fossiles puisque ce sont ces dernières qui en sont à l'origine, autrement dit comment résoudre la quadrature du cercle.

Pour comprendre ce qui s'est passé, il faut distinguer dans le processus qui a conduit aux déclarations du 9 mai 2011 à Abu Dhabi cinq étapes distinctes, toutes accessibles sur internet :

– Le Rapport Spécial « SRREN » proprement dit du groupe de travail spécialisé (1 544 pages)
– Le résumé technique de ce rapport (178 pages)
– Le résumé à l'intention des décideurs (25 pages)
– Le communiqué de presse émis à Abu Dhabi le 9 mai 2011 (6 pages)
– Enfin, la seule phrase volontairement mise en exergue dans ce communiqué, celle qui cite le chiffre de 80 %, la seule ensuite reprise par toutes les agences de presse et les médias du monde entier, puis inlassablement répétée au cours des années qui suivirent par les plus hautes autorités du GIEC et notamment par son Président de l'époque Rajendra Pachauri et le Président de son groupe III, Ottmar Edenhofer, le responsable de ce rapport SRREN, ainsi que par la plus haute autorité morale de la planète, le Secrétaire Général des Nations-Unies.

1 – Le rapport proprement dit.

Sans même parler du fait qu'il n'existe qu'en anglais, il est clair que personne n'est capable de lire un rapport de 1544 pages truffé de graphiques, de tableaux et écrit dans un langage inaccessible à ceux qui ne sont pas des experts de l'un ou l'autre des différents domaines évoqués, et qui ne peuvent d'ailleurs jamais l'être de la totalité d'entre eux puisqu'ils se chiffrent par dizaines. Ce rapport est destiné à n'être jamais lu.

Il comprend 11 chapitres distincts. Six de ces chapitres ont trait à des énergies renouvelables particulières : hydroélectricité, biomasse, énergie éolienne, énergie solaire, géothermie, énergie des océans.

Mais le chapitre le plus intéressant, le seul qui compte en définitive, est le chapitre 10 qui évoque un certain nombre de scénarios présentés comme possibles quant à l'évolution future des émissions de CO_2 en fonction de différents schémas d'utilisation des énergies renouvelables. Ces « scénarios » qui ne sont pas moins de 164 sont en fait de simples hypothèses et mériteraient ce nom.

2 – Le résumé technique de 178 pages

Le résumé technique est à peu près aussi difficile à lire que le rapport, même s'il est plus synthétique. Il mentionne à nouveau l'existence des 164 scénarios, sans exposer non plus les hypothèses qui les sous-tendent, ce qui serait d'ailleurs matériellement impossible compte tenu de leur nombre. Aucun de ces scénarios n'a donc fait l'objet d'un examen scientifique.

3 – Le résumé à l'intention des décideurs.

Celui-ci, censé avoir été approuvé ligne par ligne par 41 experts dont les noms figurent en tête du document, reprend une description générale du rapport et parle à nouveau des 164 scénarios déjà cités, sans émettre le moindre jugement à leur égard puisqu'ils n'ont pas été étudiés mais seulement recensés et classés !

Mais le résumé ajoute surtout la phrase essentielle : « *The scenarios with the highest Renewables Energies shares reach approximately 43 % in 2030 and 77 % in 2050* ». Le résumé à l'intention des décideurs valide donc par avance les affirmations qui seront diffusées le 9 mai suivant par le GIEC, et dont il apparaîtra qu'elles correspondent en fait à **un seul scénario sur 164**, dont on verra que la genèse est de surcroît révélatrice du but réel poursuivi le GIEC et de ses méthodes pour y parvenir.

4 – Le communiqué (Press Release)

Il comprend pour sa part six pages, ce qui est évidemment un format qui ne correspond pas à un communiqué de presse, parce que trop long et impossible à reprendre par les médias. Dans ces six pages on peut lire que le Rapport Spécial de 1 544 pages a été approuvé à Abu-Dhabi par un **processus de vote** et à ***l'unanimité des représentants des 195 pays membres du GIEC,*** ce qui ne peut que conforter sa crédibilité.

On y voit aussi que le « contact presse » du rapport spécial, M. Patrick Eickemeier appartient à l'équipe (Technical Support Unit) des 20 collaborateurs du Président Ottmar Edenhofer intégralement prise en charge par le GIEC à l'Université de Postdam pendant deux ans pour la préparation du document.

5- La phrase mise en exergue.

Mais en pratique, la seule phrase qui ressort du communiqué de presse et qui compte est celle déjà citée, qui a fait instantanément le tour du monde : « *Il serait possible que près de 80 % de l'approvisionnement énergétique mondial soient assurés par les énergies renouvelables en 2050. La science a parlé* », alors que la réalité est de 10 %.

Certes, il est précisé qu'il faudrait pour cela que cet objectif « soit soutenu par des politiques publiques appropriées ». Mais cette affirmation est elle-même fausse. Quelles que soient les sommes dépensées et quelles que soient les politiques publiques conduites, le scénario décrit n'a pas la moindre chance de voir le jour, d'autant plus qu'il était déjà massivement démenti par les faits dès 2010.

Mais il permettait de culpabiliser les responsables politiques et l'opinion, comme l'a fait ensuite Rajendra Pachauri à chaque occasion, en déclarant par exemple dans la presse mondiale : « *Ma supplique aux dirigeants : étudiez la science climatique !* » (*Le Monde*, 21 juillet 2011), alors qu'il n'en avait lui-même aucune connaissance.

6 – Les déclarations ultérieures des hauts responsables

Les déclarations des hauts responsables du GIEC ont immédiatement relayé le communiqué du 9 mai. C'est ainsi que le même

Président Ottmar Edenhofer, le responsable du rapport, a déclaré sur place à Abu Dhabi : « *Si elles sont soutenues, les sources d'énergie renouvelable pourront contribuer substantiellement au bien-être de l'humanité en lui fournissant de l'énergie de manière durable et en stabilisant le climat* ».

Rajendra Pachauri pour sa part a alors ajouté que « cela coûterait moins de 1 % du PIB mondial », accréditant l'idée qu'il s'agirait là d'une dépense relativement restreinte et accessible, et que le monde pourrait se passer rapidement des énergies fossiles et s'orienter vers un fonctionnement « décarboné » puisque ce sont celles-ci qui sont à l'origine des émissions de CO_2.

o

o o

On voit donc comment on est passé d'un rapport technique de 1 544 pages illisible à une seule phrase mensongère et absurde.

Pour se rendre compte que le seul scénario volontairement mis en avant et repris par les médias du monde entier est dénué de tout fondement, il faut se replonger dans le Rapport proprement dit, ce que personne ne fait jamais. Plus précisément, il faut aller page 802 et trouver alors le graphique 10-01 qui est censé retracer l'évolution possible des émissions de CO_2 d'ici 2100 et qui est scrupuleusement reproduit ici. [1]

Il s'agit du graphique le plus important de tout le rapport, le seul qui compte vraiment. C'est lui qui reproduit les 164 hypothèses dont il est sans cesse question. L'examen de ce

1. Alors qu'il avait été nécéssaire de le rectifier pour le reproduire dans la figure 8.

Prévisions d'émissions de CO_2 selon 164 scénarios

Source : Rapport SRREN, fig. 10-01, p. 802

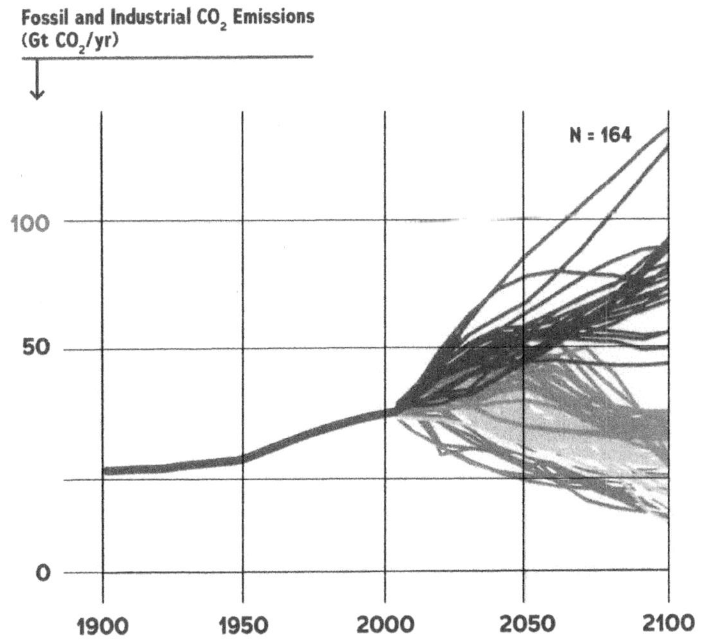

graphique fondamental conduit alors de surprise en surprise et appelle un certain nombre de commentaires.

Le premier de ces commentaires est clair. On demeure stupéfait devant la dispersion des 164 hypothèses évoquées dont il est impossible de tirer la moindre conclusion. Pour employer la novlangue, c'est du grand n'importe quoi. Il n'est d'ailleurs indiqué nulle part sur quoi reposent ces hypothèses. C'est que les 164 hypothèses évoquées ne sont là que pour justifier la seule qui permettra d'affirmer qu'il serait possible que la part des énergies fossiles soit réduite à peu de choses en 2050, celle qui est la plus basse.

Il faut décrire la provenance étrange de ces 164 scénarios. Ce n'est pas le GIEC qui les a élaborés puisqu'il ne compte lui-même aucun expert en son sein. Comme ce fut le cas dix ans plus tôt pour les « prévisions » d'élévation de la température terrestre, ils résultent d'un « open call » (appel ouvert) lancé au monde entier, et auquel ont répondu plus d'une centaine d'équipes d'universitaires, de laboratoires, de centres de recherche, etc. qui ont pu avancer ce qu'elles voulaient.

Pour donner une apparence de sérieux, le rapport indique que ces 164 scénarios relèvent de 16 « international large scale integrated models ». Mais en quoi des « modèles » pourraient-ils savoir ce que sera la politique de la Chine, de l'Inde et du reste du monde en 2050 ou en 2100 ? En quoi peuvent-ils prévoir les capacités d'extraction planétaire du charbon, du pétrole et du gaz naturel à la même époque ? Bien entendu, en rien, comme en témoigne leur incroyable dispersion des prévisions d'émission de CO_2. Mais le GIEC tient absolument à faire croire que son approche est « scientifique » puisqu'elle s'appuie sur des « international large scale integrated models », ce qui ne veut rien dire, alors qu'elle est typiquement a-scientifique.

La notion de « modèles » pour prévoir l'évolution de ce que seront dans près d'un siècle les émissions de CO_2 de la planète est dépourvue de sens compte tenu des incertitudes sur la ressource et sur la demande. C'est d'hypothèses dont il faudrait parler, et il n'y a pas alors besoin d'en élaborer 164. Quatre ou cinq au plus suffiraient pour traiter sérieusement de la question. Mais l'appellation de « international large scale integrated models », est là pour impressionner, même si personne ne sait ce que recouvre un tel jargon. Comme le disent les anglo-saxons, c'est de la « junk science » (science poubelle).

Mais d'où provient le seul scénario qui a osé affirmer sans la moindre preuve que les émissions de CO_2 pourraient être réduites pratiquement à rien en 2100, et que près de 80 % des besoins énergétiques de la planète pourraient être satisfaits par les énergies renouvelables ?

Normalement, personne n'aurait dû le savoir, car le GIEC veille étroitement à conserver l'anonymat des auteurs des différents scénarios. Mais il y eut une fuite, qui révéla que l'auteur de ce scénario surréaliste était un certain Docteur Sven Teske, ce qui attira les regards sur lui et aboutit à deux découvertes inattendues.

Il apparut tout d'abord que Sven Teske n'était nullement docteur. Il ne le deviendrait que cinq années plus tard, à plus de 40 ans. Il s'agissait donc d'un titre usurpé, et une telle usurpation relève des tribunaux. Pourtant, le GIEC l'avait couverte, nommant même le faux docteur comme « Lead Author » du chapitre 8 du rapport. On pourrait se demander pourquoi, si la réponse n'était fournie par les fonctions de l'intéressé. Sven Teske n'était autre que le « coordinateur international de Greenpeace pour les questions climatiques » ! Et l'on comprend alors pourquoi le GIEC tient tant à l'anonymat des auteurs des seuls scénarions qu'il cite, que ce soit pour le rapport SRREN sur les énergies renouvelables, ou ceux qui président une élévation apocalyptique de la température terrestre. La démarche est donc claire : c'est le GIEC qui a commandité à Greenpeace le scénario mensonger qui lui était indispensable pour justifier ses thèses et au-delà son existence même, et la connivence est totale.

Lorsqu'on l'interroge sur le sujet, le responsable d'ensemble du rapport, Ottmar Edenhofer, ne le nie d'ailleurs pas. Mais, avec une évidente mauvaise foi, il affirme qu'il ne s'agit que d'un auteur parmi d'autres et d'un scénario sur 164, faisant semblant d'ignorer que c'est le seul dont il a parlé, et que les 163 autres n'étaient là que pour servir d'alibi.

Sven Teske ne cache d'ailleurs pas ses activités. Dans le courrier des lecteurs de « The Economist » du 5 novembre 2011, il a cosigné sous l'étiquette « Greenpeace International » une lettre critiquant un article qui expliquait que les subventions publiques massives engagées par de nombreux pays en faveur des panneaux photovoltaïques étaient des gaspillages, tout particulièrement lorsque l'ensoleillement était faible, comme c'est le cas en Allemagne.

Dans sa réponse, Sven Teske se comporte comme un représentant patenté du lobby de l'industrie du photovoltaïque. Il n'y a là rien d'étonnant puisqu'il l'est. Non seulement membre éminent de Greenpeace, Sven Teske est également l'auteur de diverses publications publicitaires du puissant groupe de pression intitulé « European Photovoltaic Industry Association », comme chacun peut le constater sur internet. Il ne faut donc pas s'étonner lorsqu'il affirme que la prolifération des panneaux photovoltaïques aurait créé 150 000 emplois en Allemagne, en ajoutant « qu'aucune technologie de génération d'énergie n'avait jamais été commercialisée sans avoir bénéficié d'une aide appropriée (targeted support) », comme si le charbon, le pétrole, le gaz naturel ou l'hydroélectricité avaient dû leur essor à des subventions publiques !

Il est inutile de dire qu'il a également passé sous silence l'effondrement déjà survenu à l'époque du marché allemand du photovoltaïque, la disparition corrélative de l'essentiel de ces 150 000 emplois et le coût exorbitant de la politique énergétique allemande qui accroît de plus de 23 milliards d'euros par an la facture d'électricité de nos voisins.

C'était donc un dirigeant officiel de Greenpeace, faux docteur de surcroît, payé par le lobby de l'industrie photovoltaïque, qui était à l'origine du seul scénario qui affirme contre toute évidence que près de 80 % de l'énergie de la planète pourraient être fournis en 2050 par les énergies renouvelable alors que la réalité avoisine 10 %. C'était un véritable coup monté dès l'origine par le GIEC, et le rapport SRREN n'était qu'un habillage !

Les dizaines de réunions, les millions de dollars dépensés, les travaux des experts consultés n'étaient qu'une mascarade, une forfaiture. Seuls seront étonnés ceux qui ne savent pas que les principaux responsables du bureau du GIEC, mais aussi et surtout du Programme des Nations-Unies pour l'Environnement (PNUE – UNEP) qui en est la maison mère et devraient être impartiaux, sont depuis la création de ce dernier il y a un demi-siècle par Maurice Strong issus des ONG écologistes.

Poursuivant une tradition bien établie, la Directrice exécutive du PNUE-UNEP en 2021, la Danoise Inger Andersen n'était-elle pas précédemment Directrice Générale de la puissante ONG intitulée « *Union Internationale pour la Conservation de la Nature* » qui regroupe plus de 1 100 ONG locales et compte plus de 1 000 employés dans le monde, tous focalisés sur la protection de la flore et de la faune, exception faite de l'espèce humaine ?

Or ces ONG ont des objectifs qui n'ont rien à voir avec l'objectivité et l'impartialité scientifiques, mais sont marqués par une vision négative de l'homme et l'aversion du progrès, et elles poursuivent leurs propres finalités au détriment de la prospérité de l'humanité et de la sortie de la pauvreté de la grande majorité de celle-ci.

L'examen du graphique de la page 161 reproduisant les 164 scénarios du rapport SRREN apporte d'autres enseignements, relatifs quant à eux au manque de professionnalisme du GIEC.

C'est ainsi que l'on découvre avec stupeur que ceux qui ont élaboré ce document, le plus important de tout le rapport, ont été incapables d'harmoniser la partie gauche et celle de droite du document, de telle sorte qu'il y a deux « zéros » différents sur l'échelle des ordonnées et deux axes des x ! Un élève de collège ne ferait pas une telle erreur…

Il ne saurait être trop recommandé aux lecteurs de ce livre de se rendre eux-mêmes sur internet pour consulter le rapport SRREN 2011 facilement accessible à tous, et accéder à ce graphique numéroté 10-01 pour constater par eux-mêmes le degré de nullité que trahit celui-ci, censé avoir été élaboré par les meilleurs experts du monde.

Manifestement, ni le Président du GIEC Rajendra Pachauri, ni celui du « SRREN report » Ottmar Edenhofer, ni leurs collaborateurs directs, n'ont jamais lu ce rapport dont ils ne cessent de vanter les mérites. C'est que ce sont tous des idéologues et non des scientifiques.

En outre, tous les scénarios avaient pris comme année de référence l'an 2000. Or le rapport SRREN a été publié en 2011, c'est-à-dire alors que le volume des émissions pour l'an 2010 était parfaitement connu. Celui-ci s'était élevé à 30,5 milliards de tonnes du fait de l'accroissement massif des émissions de la Chine. On s'aperçoit alors qu'il était déjà supérieur à ce qu'indiquent les 164 scénarios. Ceux-ci étaient donc tous déjà dépassés par la réalité.

L'erreur est relativement minime pour les scénarios les plus hauts. Elle est en revanche considérable pour le scénario sans cesse mis en exergue, qui aurait voulu qu'il soit possible que moins de 20 % seulement de l'approvisionnement en énergie de la planète proviennent en 2050 des énergies fossiles et près de 80 % des énergies renouvelables.

Ce scénario correspond à la courbe la plus basse, c'est-à-dire que, pour avoir une chance d'être réalisé, il aurait fallu que les émissions de CO_2 n'aient pas excédé 20 milliards de tonnes en 2010 alors qu'elles avaient déjà dépassé 30 milliards ! Contrairement aux affirmations du GIEC et aux déclarations de ses dirigeants, ce scénario était donc irréalisable quoiqu'on fasse, quelles que soient les politiques suivies, et quelles que soient les sommes dépensées. Pourtant, le rapport SRREN précise que le chapitre 10 a été élaboré par 14 auteurs et vérifié par 2 relecteurs (reviewers) ! Qu'ont-ils donc fait ?

En 2019, les émissions mondiales de CO_2 ont d'ailleurs approché 34 milliards de tonnes alors que, selon le scénario partout cité par le GIEC, elles n'auraient pas dû excéder 17 pour que les énergies renouvelables deviennent ensuite prépondérantes...

Faut-il ajouter que ce scénario impossible aurait été de toute manière infinançable ? En effet, l'estimation des dépenses en faveur des énergies renouvelables nécessaires d'après le GIEC pour le mettre en œuvre se serait élevée selon son communiqué de presse à 5 100 milliards de dollars jusqu'à 2020 et ensuite et 7 180 milliards de 2021 à 2030, soit 12 280 milliards de dollars au total. Et l'essentiel de ces sommes aurait dû être mis en œuvre dans les pays en voie de développement, mais payés par les pays développés qui ne le feront évidemment jamais.

Enfin, le rapport SRREN lui-même note que les énergies renouvelables sont pour la plupart essentiellement intermittentes. Qui pourrait alors croire qu'elles puissent répondre un jour à près de 80 % des besoins de la planète ?

Pourtant, dix ans après sa publication, c'est toujours ce rapport qui dicte la politique des multiples entités mondiales et nationales à la recherche d'une illusoire « décarbonisation » de l'énergie nécessaire à l'humanité.

C'est lui notamment qui a été le fondement de la Conférence de Paris de 2015, la « COP 21 », et de sa répétition virtuelle en 2020.

o

o o

En définitive, le processus par lequel le GIEC trompe les décideurs et plus généralement l'opinion publique mondiale est clair.

D'une part, de véritables experts à la spécialisation étroite sont consultés pour produire des chapitres strictement techniques que personne ne peut raisonnablement lire, ne serait-ce que du fait de leur volume cumulé. Ces chapitres sont souvent bien faits, et leurs auteurs sont fiers de les signer. Mais ils ne servent en définitive à rien car, au moment des conclusions, leur contenu n'importera pas du tout. Ils sont uniquement là pour recueillir les signatures des centaines de spécialistes qui ont travaillé pour les produire ou y contribuer, et qui cautionnent *nolens volens* des affirmations qui n'ont rien à voir avec leurs travaux alors qu'il est affirmé qu'ils sont d'éminents « climatologues ».

L'exemple du rapport SRREN illustre très bien cette pratique générale du GIEC. Certes, s'agissant du « Résumé à l'intention des décideurs », celui-ci a été revu ligne par ligne par un comité de 41 personnes. Mais, au sein de ces 41 personnes, seules 3 avaient participé à l'élaboration du chapitre 10 qui traitait des scénarios. Les 38 autres avaient travaillé sur les autres chapitres du rapport, relatifs à la biomasse, à l'énergie éolienne, à l'hydro-électricité, etc. Vérification faite auprès de plusieurs d'entre eux, ils n'ont considéré valider ce « Résumé à l'intention des décideurs » que pour la partie qui était de leur compétence, et se sont bien gardés d'émettre le moindre avis sur les fameux 164 scénarios. Mais leur nom figure en tête du rapport, et ils ont donc cautionné le seul paragraphe qui compte, celui qui affirme : « *The scenarios with the highest Renewable Energy shares reach approximately 43 % in 2030 and 77 % in 2050* ».

Et c'est leur caution qui permet aux responsables du GIEC de proclamer sans sourciller que cette prévision absurde repose sur les travaux de plus de mille experts « *unanimes* » et « peut servir de base scientifique solide aux décideurs » alors qu'aucun ne l'aurait signée si on le lui avait demandé, à l'exception de celui qui, de connivence avec le GIEC, l'avait élaborée au nom de Greenpeace.

Enfin, les 195 pays ont approuvé à l'unanimité lors d'une l'Assemblée Générale le Rapport SRREN dans sa totalité. La chose serait cocasse si elle n'était sérieuse. Bien entendu, aucun des fonctionnaires ou responsables politiques représentant les 195 pays au sein de l'Assemblée Générale du GIEC n'a lu ce rapport illisible de 1 544 pages et il en a été de même de leurs collaborateurs.

Pour illustrer la faiblesse de la défense du GIEC face à ce constat, on ne peut mieux faire que reproduire l'étonnante réponse du même Ottmar Edenhofer, principal responsable du rapport, qui fut publiée le 9 juillet 2011 dans « *The Economist* » en réponse à un article qui y critiquait les conclusions du rapport SRREN.

« *Vous mettez en doute la capacité du GIEC à prendre des positions équilibrées et à éviter des biais fondés sur les opinions personnelles de certains auteurs. C'est que vous ignorez les nombreuses étapes de procédure que le GIEC a mis en place spécialement pour minimiser la possibilité que ses rapports soient influencés par les convictions de certains auteurs.*

Le GIEC repose sur la participation de personnes qui sont issues d'institutions académiques, d'ONG, ainsi que du secteur de l'entreprise et de l'industrie afin d'avoir accès aux expertises appropriées. Des contrôles sont effectués à la fois pour la sélection des auteurs et pour l'apport des experts et des représentants des gouvernements qui sont chargés de la relecture et du contrôle des textes.

Le processus de relecture d'une part, l'approbation par les gouvernements des rapports finaux d'autre part, sont conduits indépendamment l'un de l'autre. Pour traiter les conflits d'intérêt, le GIEC a désormais approuvé une politique formalisée, suivant en cela les recommandations du « Conseil InterAcadémies » qui regroupe les Académies des Sciences des différents pays.

Il s'agit là d'ailleurs seulement de l'amélioration d'un processus déjà existant et non d'un premier pas dans un domaine nouveau. Notre rapport spécial sur les énergies renouvelables (SRREN) poursuit la tradition des prises de position équilibrées et minutieuses du GIEC (sic)… ».

C'est Alice au pays des merveilles ! C'est la description d'un monde aussi idyllique qu'imaginaire, telle qu'elle a été sans cesse mise en avant par les responsables du GIEC et notamment par son président de l'époque Rajendra Pachauri.

Mais alors, comment expliquer que ces multiples contrôles, émanant des meilleurs experts et des gouvernements de l'ensemble de la planète, aient avalisé la démarche qui a conduit à l'ineptie de 164 scénarios *déjà démentis par les faits* ? Comment ont-ils pu écrire qu'il était envisageable que les énergies éolienne et solaire puissent représenter 63 % de l'approvisionnement énergétique de la planète en 2050, alors que selon les spécialistes de l'Agence Internationale de l'Énergie et l'expérience des pays qui se sont engagés dans cette voie, leur part se situera au mieux à quelques pour cent ? Comment ont-ils pu laisser publier des graphiques grossièrement faux ? Comment ont-ils pu laisser accréditer un scénario qui n'aurait été possible que si les émissions de CO_2 n'avaient pas excédé 20 milliards de tonnes en 2010 alors qu'elles avaient déjà dépassé 30 milliards, soit 50 % de plus ? Qui sont ces « experts » ? Qui a contrôlé quoi ? Ottmar Edenhofer croit-il un instant ce qu'il écrit ? Est-il incompétent ou aveuglé par ses convictions, ou les deux, ce qui est manifestement le cas ?

o

o o

Une autre interrogation demeure enfin. On ne peut manquer de s'interroger sur le silence des centaines d'experts qui ont participé aux travaux de ce rapport et qui n'ont rien dit lorsque des déclarations absurdes ont été faites en leur nom, alors qu'à l'évidence la conclusion la plus marquante de ce document, la seule qui soit ressortie sur la place publique, est indéfendable et que la communication qui résulte de leurs travaux est mensongère.

À cela, on peut apporter sans doute quelques éléments d'explication. On l'a vu, la plupart des experts sont de bonne foi, mais restent cantonnés dans leur domaine technique (géothermie, éoliennes, etc.) car ils sont par nature spécialisés. Contrairement à ce qui est sans cesse affirmé, ce ne sont en rien des climatologues. La plupart ne sont donc pas capables d'avoir une vision d'ensemble, laissant ceci à d'autres experts et à des responsables politiques. Ce faisant, ils oublient qu'ils sont aussi citoyens et pourraient avoir des opinions sur des domaines qui ne soient pas les leurs. Certains l'ont fait, et ont alors démissionné tout au long de l'histoire du GIEC. Mais la grande majorité a refusé de s'aventurer hors de son domaine de compétence et préféré se taire, laissant ainsi la place libre à ceux qui n'en ont aucune, défaut majeur des démocraties.

Une deuxième considération tient au fait que ces experts ne sont pas choisis au hasard. Chacun peut vérifier en se rendant sur internet que le choix des experts des rapports du GIEC est effectué **conjointement** *par les gouvernements et les ONG écologistes* telles que Greenpeace, qui disposent donc de facto d'un droit de veto. Il ne faut donc pas s'étonner si les experts intervenants pour les documents essentiels que sont les « Résumés à l'intention des décideurs » des différents rapports ont tous des convictions écologiques profondément ancrées qui vont jusqu'à leur faire abandonner toute approche scientifique, même lorsqu'ils ont une formation qui pourrait conduire à penser le contraire.

Il faut enfin ajouter un point essentiel. Pour vivre, les laboratoires, les chercheurs et leurs équipes ont besoin d'argent. Or celui-ci coule à flots dès qu'il s'agit de plaider pour les thèses officielles du changement climatique. On estime à 3 milliards de dollars les sommes correspondantes provenant chaque année des seules agences fédérales américaines, somme qui va sans doute s'accroître encore avec l'élection récente du Président Joe Biden, après les réductions voulues par Donald Trump. Et ce qui est vrai aux États-Unis l'est partout ailleurs dans le monde.

Cette manne sans fin donne lieu à la publication de plus d'un millier de rapports chaque année, qui traitent des sujets les plus divers, allant des ours blancs aux coléoptères en passant par la forêt amazonienne et les neiges du Kilimandjaro, et qui mettent tous en cause la responsabilité de l'homme. Chaque jour, les journalistes du monde entier ont ainsi à leur disposition de multiples articles dont il n'est pas difficile d'imaginer l'orientation.

Quant aux scientifiques qui cherchent à faire valoir d'autres points de vue, ils sont privés de tout financement et accusés de bénéficier de subsides imaginaires en provenance d'obscurs « lobbies » qui sont en réalité bien trop timorés pour oser les aider. Ils en sont réduits à quémander quelques milliers de dollars qu'ils n'obtiennent pas, alors que leurs confrères parcourent le monde et sont hébergés aux quatre coins du globe pour participer aux innombrables réunions qui se tiennent aux frais du contribuable dans le but de « sauver la planète ».

On comprend que leurs rangs soient clairsemés, et on ne peut que rendre hommage à ceux qui, comme Richard Lindzen, éminent titulaire de la chaire de météorologie du MIT, et une poignée d'autres, ne sont pas prêts à vendre leur âme, quel que soit le prix offert. Car ils auraient pu gagner beaucoup d'argent et de prestige en changeant d'avis et en monnayant leurs concours, ce que d'autres ne se sont pas privés de faire.

Les rares experts qui ont protesté et affirmé dans le passé qu'on avait détourné leurs travaux pour leur faire dire ce qu'ils ne voulaient pas dire ont été obligés de quitter les travaux du GIEC. Toute la force de celui-ci réside ainsi dans l'affirmation sans cesse réitérée que ses conclusions font l'objet de « *consensus* », qu'elles sont le fruit du travail *unanime* de centaines ou de milliers d'experts et ne peuvent être contestées que par des individus de mauvaise foi qu'il convient de vilipender avec la plus grande fermeté, quitte à faire référence à Hitler comme l'a fait parfois Rajendra Pachauri en tant que Président du GIEC. Le 21 avril 2004, à bout d'arguments contre le respectable économiste danois Bjorn Lomborg, ne déclarait-il pas « *Si vous devez accepter les idées de Lomborg, alors peut-être ce qu'a fait Hitler était une bonne chose...* » ?

Mais c'est surtout à l'occasion de sa démission fracassante en février 2015 pour cause de harcèlement sexuel envers ses collaboratrices que Rajendra Pachauri a révélé la vraie motivation de son militantisme à la tête du GIEC en écrivant : « *Pour moi, la protection de la planète, la survie de toutes les espèces, et la durabilité de nos écosystèmes étaient plus qu'une mission.* ***C'était ma religion*** ».

Tout est dit. Rajendra Pachauri avait toujours affirmé pendant les 13 années de sa présidence du GIEC agir uniquement au nom de la science. La science est fondée sur des faits, alors que la religion est affaire de croyance, ce qui n'a rien à voir. À partir du moment où l'on a la certitude d'agir pour la bonne cause, celle de la religion à laquelle on croit, les faits ne comptent plus et il devient légitime de les travestir sans scrupule, ce que n'ont cessé de faire Rajendra Pachauri et tous ceux qui parlaient avec lui au nom du GIEC en faisant croire qu'ils agissaient au nom de la science. Qu'importe la science quand on détient la Vérité. Tout devient justifié, y compris les mensonges les plus éhontés et les affirmations les plus fausses, en faisant croire en particulier qu'il existe des « consensus scientifiques très solides » là où il n'y en a aucun, et en étouffant la voix des contestataires alors traités de « climato-sceptiques » et de négationnistes avec tout ce que sous-entend ce vocable.

Ce qui vient d'être décrit pour le rapport spécial « SRREN » n'est donc que l'application d'une manière de procéder générale du GIEC.

Mais ce rapport offre un intérêt fondamental. Contrairement à ce qui se passe pour les prévisions relatives au climat d'ici la fin du siècle, qui peuvent donner lieu à des débats sans fin, le rapport SRREN traite d'un domaine – l'approvisionnement énergétique de la planète – où ce qui va se passer au cours des prochaines décennies est bien connu. Il existe en effet un organisme crédible – l'AIE – qui pourrait mettre en lumière l'inanité des conclusions du GIEC et le prendre « la main dans le sac », en train de mentir effrontément, s'il n'était lui aussi jusqu'à présent dévoyé par son manifeste directeur.

Car, s'agissant d'énergie et d'émissions de CO_2 les choses ne se sont pas du tout passées comme prévu par le rapport SRREN. Après 2011, les émissions annuelles de CO_2 ont continué à s'accroître au fur et à mesure que l'humanité émergeait de la pauvreté. En 2019, elles ont avoisiné 34 milliards de tonnes, alors que le seul scénario mis en exergue par le GIEC prévoyait qu'elles n'auraient pas dû excéder 17 milliards !

Il est donc possible de mettre en évidence l'imposture des affirmations du GIEC quant à l'évolution des émissions du CO_2. Au contraire, en matière de climat, le GIEC peut annoncer ce qu'il veut, puisque seul l'avenir viendra confirmer ou infirmer les affirmations de ses responsables qui auront disparu depuis longtemps lorsqu'il sera possible de savoir définitivement qui a eu tort ou raison.

o

o o

On est donc en définitive en face d'un processus de désinformation qu'on peut qualifier de professionnel car il est remarquablement organisé. Mais on peut surtout le qualifier d'immoral car il se présente comme scientifique alors qu'il ne l'est pas, et parce qu'il oriente l'humanité toute entière, les responsables politiques, les entreprises, les particuliers et l'opinion mondiale sur des voies profondément néfastes, au détriment d'abord des plus pauvres des humains.

Il faut au contraire que nous admettions que les quantités de CO_2 présentes dans l'atmosphère vont continuer à s'accroître, et sans doute doubler par rapport au niveau qui était le leur avant l'ère industrielle. Elles se stabiliseront ensuite dans un futur lointain, lorsque les hydrocarbures fossiles économiquement accessibles auront été épuisés. D'ailleurs, la concentration de CO_2 dans l'atmosphère a été autrefois très supérieure à ce qu'elle est aujourd'hui sans que la vie en pâtisse, bien au contraire car elle était foisonnante.

Quoiqu'il en soit, nous n'y pouvons rien. Nous n'y pouvons rien puisque les Chinois, les Indiens, les Africains et les autres n'arrêteront pas leur évolution vers le progrès et consommeront comme nous le faisons nous-mêmes les ressources économiquement accessibles de la planète en charbon, en pétrole et en gaz naturel car c'est la condition de la sortie de la pauvreté de leurs populations. Les dépenses considérables auxquelles nous consentons dans le but de réduire nos propres émissions de CO_2 sont donc un pur gaspillage, au détriment de notre prospérité, et surtout de celle des plus pauvres, en France comme ailleurs.

Au total nous assistons depuis un demi-siècle à une prise en otage, non seulement des experts qui collaborent aux travaux du GIEC, mais de la planète tout entière. Nous sommes les témoins d'une escroquerie intellectuelle sans équivalent dans l'histoire récente sinon dans l'Histoire entière. Nous assistons au retour de Lyssenko, mais en bien pire, car celui-ci touche cette fois le monde dans sa globalité.

Les responsables du GIEC poursuivent en réalité des finalités qui n'ont rien à voir avec l'évolution du climat et sont d'une tout autre nature. Pour s'en convaincre, il suffit de citer à nouveau le Président du rapport SRREN, Ottmar Edenhofer, qui avait déclaré sur le site allemand « NZZ Online » à l'occasion du sommet de Cancún sur le climat de novembre 2010 : « *Fondamentalement, c'est une erreur grave de discuter de la politique du climat indépendamment des grands thèmes de la mondialisation. Le Sommet qui va s'ouvrir à Cancún n'est pas en réalité une conférence sur le climat, mais l'une des plus grandes conférences économiques depuis la deuxième guerre mondiale. Il faut dire clairement que nous redistribuons en fait la richesse du monde par la voie de la politique climatique. Il faut se séparer de l'illusion que la politique internationale du climat est une politique environnementale. Elle n'a désormais pratiquement plus rien à voir avec la politique de l'environnement…* »

On ne saurait être plus clair. Le but poursuivi est politique sinon religieux, et n'a rien à voir avec l'environnement, et encore moins avec la science et avec l'intérêt de l'humanité.

o
o o

Il est d'ailleurs intéressant de s'appesantir quelque peu sur la carrière d'Ottmar Edenhofer, car celui-ci est aujourd'hui encore l'un des personnages qui façonnent l'opinion publique mondiale dans le domaine du climat.

Il fut ainsi récemment l'un des avocats les plus ardents de la sortie du charbon de l'électricité allemande, après l'avoir été de celle de l'énergie nucléaire. Il fut aussi l'un des promoteurs du *« pacte vert »* de l'Union Européenne de 2019 dont l'inaccessible objectif est la *« neutralité carbone »* du Vieux Continent en 2050, et dont l'inévitable conséquence sera le déclassement de celui-ci à l'égard du reste du monde.

C'est à grand cris qu'Ottmar Edenhofer s'est également réjoui de voir la décision d'Angela Merkel et d'Emmanuel Macron de 2020 de réguler la plupart des secteurs de l'activité économique dans le même but, et de consacrer en pure perte à l'impossible transition énergétique une part considérable des plans de relance européen et nationaux faisant suite à la pandémie mondiale. N'alla-t-il pas jusqu'à déclarer que celle-ci pourrait être une aubaine pour la transition énergétique ?

Désormais directeur du « Postdam Institute for Climate Impact Research » qu'il avait généreusement fait financer par le GIEC dans le cadre du rapport SRREN, et également titulaire de la Chaire d'économie du changement climatique à la célèbre Université Technique de Berlin, Ottmar Edenhofer est aujourd'hui unanimement présenté comme *« l'un des principaux experts mondiaux en matière de politique énergétique et environnementale »*. Membre de l'Académie des Sciences allemande, on ne compte plus les organismes avec lesquels il collabore, aux premiers rangs desquels le programme de l'environnement des Nations-Unies (UNEP), l'OCDE, la Banque Mondiale et bien d'autres. Infatigable activiste, on ne compte plus également les centaines d'articles qu'il cosigne dans de multiples revues qui traitent des sciences, de la nature, du changement climatique ou de la politique énergétique, à tel point qu'il est l'un des chercheurs les plus cités dans le monde, même s'il est clair qu'il n'a pas pu véritablement étudier les multiples documents qu'il a signés. C'est donc l'un des personnages qui influe le plus sur les politiques allemande, européenne, voire mondiale.

Pourtant, le parcours d'Ottmar Edenhofer ne le prédisposait guère à ce rôle. Sa formation initiale se situait en effet dans le domaine de la théologie puisqu'il fut de 1987 à 1994 pendant sept ans membre de l'Ordre des Jésuites, période pendant laquelle il obtint brillamment un master en philosophie.

S'il quitta ensuite le domaine de la religion catholique, ce fut pour s'engager dans d'autres activités qu'il aborda avec une même foi religieuse. Il compléta jusqu'en 2000 ses études avec l'obtention d'un Doctorat en Économie et d'une maîtrise artistique, sans que l'on trouve dans ces formations complémentaires la moindre référence au domaine du climat.

Ceci ne l'empêcha pas de devenir très vite l'un des responsables majeurs du GIEC. Il fut l'un des « lead authors » du 4e rapport de 2007 de cet organisme, qui valut le Prix Nobel de la paix à celui-ci. Pendant cette période, il travailla étroitement avec l'économiste britannique Nicholas Stern qui produisit un rapport célèbre préconisant la création d'une universelle et utopique « taxe carbone » qui ne peut mener à rien, mais valut à ce dernier d'être nommé par la Reine Elisabeth membre de la « Chambre des Lords », la plus haute distinction possible outre-Manche.

Mais surtout, de 2008 à 2015, Ottmar Edenhofer exerça la fonction essentielle de co-président du Groupe III du GIEC, le plus important de l'organisme, le seul qui compte vraiment puisqu'il a la charge de définir la politique mondiale à adopter dans l'idée de faire face aux changements du climat. C'est à ce titre qu'il fut chargé du rapport SRREN qui allait bouleverser la politique mondiale de l'énergie en engageant celle-ci sur la voie sans issue des énergies renouvelables décrite dans les pages qui précèdent.

Pourtant, Ottmar Edenhofer n'a toujours pas la moindre connaissance des phénomènes climatiques, même s'il est désormais présenté comme l'un des meilleurs experts mondiaux du sujet. Il est économiste, ce qui est tout à fait respectable mais n'a rien à voir. Manifestement, il ne s'est jamais interrogé sur la réalité de l'influence de l'homme sur le climat, ni sur la plausibilité que celui-ci puisse le modifier. Pour lui, ainsi que pour la quasi-totalité de tous ceux qui prétendent comme lui être « climatologues » et à qui le doute est étranger, il s'agit là d'une affaire de dogme, de la même nature en définitive que ceux auxquels il avait adhéré lors de son passage dans les ordres religieux.

Et c'est pourquoi il a monté avec son compatriote Sven Teske la forfaiture d'un scénario qui prévoit que les énergies renouvelables pourraient répondre à 80 % des besoins de l'humanité et débarrasser enfin le globe des « maléfiques émanations de CO_2 », alors que le véritable pourcentage est de l'ordre de 10 %.

Mais il y a plus. Car si Ottmar Edenhofer n'a aucune compétence dans le domaine du climat, il ne paraît guère en avoir davantage dans celui des sciences exactes.

On a vu dans les pages précédentes l'invraisemblable graphique central du rapport SRREN, qui y figure toujours sur internet sans rectification dix ans après sa publication.

Pas plus que ses collaborateurs, censés être tous de grands scientifiques, Ottmar Edenhofer n'a manifestement jamais regardé ce graphique central, celui qui supporte toutes ses conclusions, pas plus qu'il n'a jamais lu le rapport de 1544 pages produit sous sa présidence et qui porte son nom mais n'est là que pour servir d'alibi.

Quand on atteint le niveau d'incompétence que traduit ce graphique, ce n'est pas d'amateurisme dont il faut parler, mais de nullité. Et l'on ose dire que *« la science a parlé »*.

Une nullité qui a atteint son but puisque, sur la base du rapport SRREN d'Ottmar Edenhofer, les investissements mondiaux en faveur des énergies renouvelables se sont élevés à 3000 milliards de dollars depuis sa publication. 3000 milliards de dollars en dix ans, essentiellement dépensés pour rien alors que tant de besoins criants restent ailleurs insatisfaits, qui auraient pu sauver de la pauvreté des millions d'hommes, de femmes et d'enfants, et parfois leur épargner la mort. Ottmar Edenhofer aurait mieux fait de ne pas changer de religion.

Depuis près d'un demi-siècle, le pouvoir est détenu au sein des Nations-Unies par les ONG écologistes dont chacun peut vérifier sur internet qu'elles dirigent toujours de nos jours ses deux organismes centraux que sont le Programme des Nations-Unies pour le Développement et le Programme des Nations-Unies pour l'Environnement dont le GIEC est une filiale. Les rapports de référence du GIEC sont publiés tous les 5 ou 6 ans

Élaboration des rapports du GIEC (IPCC) : le verrouillage

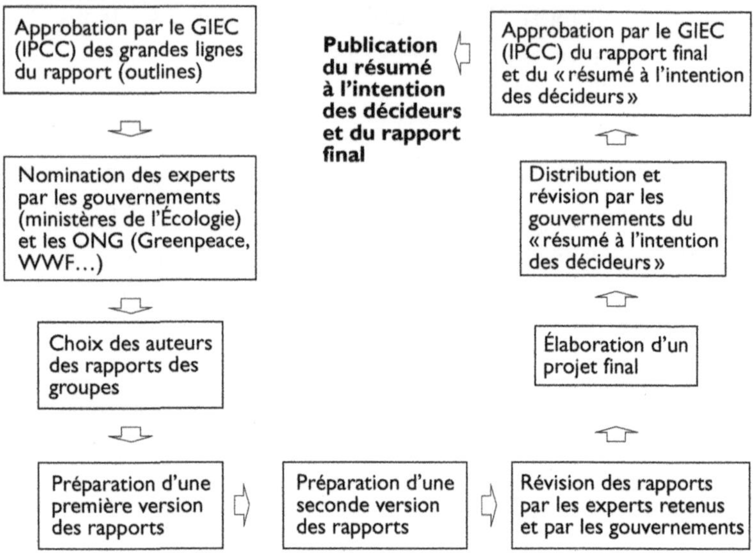

et font apparemment l'objet d'un long processus d'élaboration. Mais le site officiel du GIEC (IPCC) montre que leurs conclusions (*outlines*) sont arrêtées dès le début du processus. Quant aux experts, ceux qui comptent au début du dépôt des conclusions sont des membres patentés des ONG, dûment choisis à cette fin, même s'ils n'ont aucune formation scientifique sérieuse comme ce fut le cas pour le rapport SRREN sur les énergies renouvelables qui est à l'origine de la grande réunion de Paris de 2015, la COP21 et désormais la base de la politique énergétique mondiale.

Quant aux autres experts, ils sont de bonne foi mais ne servent à rien. Ils ne sont retenus que dans un seul but : que leur nom figure sur les rapports pour faire croire que « la science parle » alors qu'il s'agit d'un travestissement honteux de toute démarche scientifique digne de ce nom.

CHAPITRE II

La religion verte

« Les dirigeants des entreprises du secteur de l'énergie doivent être poursuivis pour crimes contre l'humanité et la nature. »

James Hansen
Climatologue de référence du GIEC

Il y a toujours eu des hommes et des femmes portant en eux une vision négative de l'humanité et niant le progrès, persuadés qu'ils étaient sur Terre avec une vocation messianique, celle de changer le cours des choses et de remettre leurs semblables sur le droit chemin, fut-ce contre leur volonté. Notre époque n'a pas dérogé à la règle.

Mais rarement au cours des siècles ceux qui partagent ces traits ont-ils autant réussi à imposer leur marque sur le destin du globe. Ils l'ont fait autour d'un même cri de ralliement : la planète est en danger par la faute de l'homme, et il faut la sauver pour le bien de l'humanité future ; il est urgent de changer le fonctionnement de notre société et notre mode de vie lui-même, car nous sommes coupables. Ce faisant, ils ont accrédité jusqu'à présent, tout particulièrement auprès des jeunes, une vision profondément négative de l'humanité et de notre avenir.

Certes, ceux qui ne voient dans l'action humaine que ses côtés négatifs ont toujours existé. Jean-Jacques Rousseau avait déjà parlé du « bon sauvage » perverti par la civilisation, sans mentionner que les Indiens qu'il citait en référence pratiquaient sur leurs ennemis d'indescriptibles tortures.

Plus récemment dans *Le nouvel ordre écologique*, Luc Ferry a décrit les dérives de la pensée écologique moderne, en particulier sous sa forme « profonde ». Il a dénoncé en particulier son antihumanisme qui n'est pas sans rappeler certains aspects de l'écologisme nazi, et montré combien elle remettait en cause l'héritage du Siècle des lumières.

Le Printemps silencieux

Avant d'en venir au domaine du climat et aux trois hommes qui ont réussi à faire des variations de celui-ci une préoccupation planétaire, il faut replacer leur action dans son contexte historique. C'est il y a plus d'un demi-siècle que l'écologisme sous sa forme moderne quasi-religieuse a vraiment pris son essor. En 1962, une biologiste américaine publia sous le titre *Printemps silencieux* un livre au retentissement planétaire qui, selon l'expression d'Al Gore, allait marquer la véritable naissance du mouvement écologiste et bouleverser le cours des choses.

La thèse du livre était simple. La science venait de mettre au point un pesticide remarquablement efficace pour détruire les insectes, le DDT. Son usage permettait d'accroître massivement les rendements agricoles et de faire reculer la faim. Il permettait aussi d'éradiquer les moustiques dans des zones entières et notamment d'y supprimer le paludisme ou malaria, l'un des fléaux les plus redoutables de l'humanité depuis la nuit des temps, qui frappait mortellement les habitants des zones humides, non seulement dans les pays chauds, mais aussi autrefois en Angleterre, en France, et même en Sibérie.

Mais Rachel Carson était frappée d'une maladie particulière qui allait se répandre dans le monde de manière fulgurante après la parution de son livre. Victime de semi-cécité écologique, elle ne voyait que le côté négatif des choses.

Car le DDT pouvait nuire aux oiseaux en les privant des insectes qui constituaient leur nourriture, ou en rendant leurs œufs plus fragiles et leur reproduction plus difficile. Que de tels effets puissent exister ne fait pas de doute, quoique l'expérience ait ultérieurement montré une remarquable capacité d'adaptation de la nature pour les limiter. Mais la caractéristique majeure de Rachel Carson fut de ne prendre en compte que les conséquences pour les oiseaux et d'ignorer les hommes, inversant ainsi ce qui constituait depuis toujours l'ordre considéré comme naturel des choses.

Pour comprendre la vision du monde de Rachel Carson et de celle de ses successeurs, il suffit de citer les titres de quelques-uns des chapitres de son livre : « Élixirs de mort » ; « Inutiles hécatombes » ; « L'obligation de subir » ; « Plus aucun oiseau ne chante » ; « Rivières de mort » ; « Tombés du ciel », etc. Et quand Rachel Carson s'intéressait aux impacts des pesticides sur l'homme, c'était uniquement pour parler d'effets négatifs, bien souvent imaginaires.

Emportée par ses convictions rousseauistes et niant la réalité la plus évidente, Rachel Carson osa même écrire dans son livre culte : « Tout au long de l'agriculture prémoderne, les insectes ne posaient quasiment pas de problèmes aux paysans, et les ennuis ne sont apparus qu'avec l'intensification de l'agriculture ! » Elle proférait ainsi une insulte à la mémoire des centaines de millions de nos ancêtres morts de faim du fait des insectes qui avaient détruit leurs récoltes, ou tués par le paludisme dont les moustiques étaient et sont toujours les mortels vecteurs.

Comment était-il possible d'ignorer à ce point les faits, de ne pas savoir que nos ancêtres avaient vécu pour la plupart avec la peur de ne pas avoir assez à manger pour eux et leurs enfants ? Comment ignorer qu'il y eut du temps de Louis XIV des famines qui ont fait à deux reprises plus d'un million de victimes dans notre seul pays selon Emmanuel Le Roy Ladurie ? Comment passer sous silence que les rendements des plants de blé ne dépassaient guère cinq à dix quintaux à l'hectare à l'époque qui suscite les regrets de Rachel Carson, alors qu'ils s'établissent aujourd'hui à 80, grâce précisément à « *l'intensification de l'agriculture* » qu'elle vilipende alors qu'elle a permis à la disparition de la famine sur la majorité du globe ? Rachel Carson croyait-elle que nos ancêtres habitaient tous le hameau de Marie-Antoinette à Versailles ?

Il est vrai qu'elle ne faisait que devancer l'immense cohorte de ceux qui, à sa suite, ont été frappés de cécité écologique. Car son livre ne suscita à l'époque guère de critiques et connut au contraire un immense succès. Le titre lui-même était remarquablement bien choisi, opposant le printemps, symbole de vie, et le silence qui accompagne la mort. Et qui n'aime pas les petits oiseaux ? En ce sens, elle préfigurait la remarquable capacité des écologistes à trouver des vocables qui suscitent l'adhésion, aux dépens le plus souvent de la vérité. N'ose-t-on pas parler de nos jours de « fermes éoliennes » pour désigner des installations qui atteignent deux cents mètres de haut et défigurent les paysages ?

Printemps silencieux devint alors le livre de référence de multiples familles américaines, dont celle d'Al Gore qui allait jouer plus tard un rôle central au sein du mouvement écologiste et dont la mère lui lisait chaque soir religieusement des passages entiers.

L'impact du livre sur la société américaine a pu être comparé à celui de *La Case de l'Oncle Tom* qui fut à l'origine de la fin de l'esclavage et engendra la guerre de Sécession, dont Abraham Lincoln lui-même avait salué l'auteure, Harriet Beecher Stowe, par ces mots devenus célèbres outre-Atlantique : « Alors, voici donc la petite dame qui a déclenché tout ça ? »

Rachel Carson a clairement exposé sa manière de voir en déclarant en 1963 lors d'un de ses derniers discours : « Nous exposons actuellement des populations entières à des produits chimiques dont nous savons qu'ils sont extrêmement toxiques… Ces expositions commencent désormais dès la naissance et se poursuivront tout au long de l'existence. Personne ne sait quelles en seront les conséquences. » Conséquences imaginaires et pas un mot des bienfaits des mêmes produits, de la révolution agricole qu'ils avaient permise, et des centaines de millions de vies humaines ainsi sauvées. Pas un mot du fait que ces mêmes produits allaient contribuer à la « révolution verte » qui, contrairement à toutes les prévisions, allait faire reculer la famine sur la Terre.

La sensibilisation de la société américaine ainsi créée fut directement à l'origine de la naissance en 1970, sous la présidence de

Richard Nixon, de l'Agence de protection de l'environnement (EPA), qui fut ultérieurement dotée de moyens humains et financiers considérables et allait devenir un acteur essentiel de la vie américaine, influant directement sur le fonctionnement de son économie en suivant la voie tracée par Rachel Carson.

En 1972, l'interdiction du DDT fut l'une des premières décisions prises à l'initiative de la nouvelle agence. Édictée pour les États-Unis, la mesure fut alors étendue au reste du monde avec des conséquences dramatiques. On estime que 25 millions de personnes, essentiellement des enfants africains, sont morts du paludisme alors que le DDT aurait pu l'éviter en luttant contre les moustiques porteurs, comme nous l'avons fait par exemple il n'y a pas si longtemps sur notre côte du Languedoc. Il fallut attendre 2006 pour que l'Organisation mondiale de la santé, après plus de 30 ans d'interdiction, autorise à nouveau l'usage du DDT pour combattre le paludisme, expliquant bien tardivement que celui-ci était sans danger pour la santé et très efficace lorsqu'il était bien utilisé.

Le Club de Rome

Les préoccupations de Rachel Carson allaient en rencontrer d'autres, quelques années plus tard, sur un autre continent. L'année 1972 vit en effet la publication du rapport du Club de Rome, intitulé « *Limits to Growth* », traduit en français par « *Halte à la croissance* ? » et qui fut vendu dans le monde à 30 millions d'exemplaires.

Le champ d'intérêt du Club de Rome était différent de celui de Rachel Carson, mais la même vision profonde les sous-tendait : nous courons à la catastrophe et l'homme en est responsable.

Nous étions en train de dilapider les ressources de la planète, notamment énergétiques, et le pétrole serait épuisé dès l'an 2000. La croissance démographique conduirait en 2050 à la présence sur Terre de 12 milliards d'habitants qu'il serait impossible de nourrir, et l'avenir serait dramatique pour l'humanité, responsable de son malheur si elle ne réagissait pas.

Ce faisant, les auteurs du rapport avaient commis une erreur classique : ils avaient simplement prolongé les tendances du passé, ce qui effectivement aurait pu conduire aux catastrophes annoncées. Ils n'avaient pas tenu compte de la capacité d'adaptation de l'homme et des potentialités du progrès. Car ce n'est pas ainsi que les choses se passèrent. De nouvelles ressources énergétiques furent découvertes, la démographie s'effondra sur l'essentiel du globe, les rendements agricoles firent des progrès insoupçonnés et le développement technique atteignit une ampleur que personne n'avait imaginée.

Mais c'était l'époque de mai 1968 et de la remise en cause des fondements d'une société qui avait pourtant fait ses preuves avec les Trente Glorieuses, période heureuse où le chômage faisait figure d'exception. Le président Georges Pompidou ne déclarait-il pas alors que la France ne supporterait pas un million de chômeurs ?

The population bomb

Dans la même veine, l'année 1968 avait vu la publication aux États-Unis d'un autre livre culte, *The population bomb*, dont le retentissement fut presque aussi important que celui de *Printemps silencieux*. Son auteur, Paul Ehrlich, y décrivait un avenir apocalyptique, prévoyant notamment que des centaines de millions d'êtres humains allaient mourir de faim dans les décennies 1970 et 1980, que la mer serait vidée de la plupart de ses poissons, et que, du fait notamment de l'usage des pesticides, l'espérance de vie allait revenir aux États-Unis à 42 ans alors qu'elle s'établit aujourd'hui à 75 ! Il annonçait aussi, pour la première fois, que la température du globe allait nécessairement se trouver bouleversée du fait des rejets des activités humaines dans l'atmosphère, sans toutefois préciser si elle s'élèverait ou diminuerait puisqu'à l'époque elle était dans une phase de baisse, ajoutant sans la moindre preuve que même des changements mineurs de l'atmosphère pourraient entraîner des effets considérables sur le climat.

o

o o

Près d'un demi-siècle plus tard, il faut se rendre à l'évidence. Aucune des sombres prédictions de Rachel Carson, du Club de Rome ou de Paul Ehrlich ne s'est réalisée. Nous avons toujours du fer, du charbon, et même du pétrole. Mais surtout, jamais autant d'êtres humains n'ont mangé à leur faim et vécu aussi longtemps. Certes, il reste des famines localisées, mais elles sont presque toujours le fruit de conflits armés. Pour la première fois dans l'histoire, ceux qui mangent trop sont même plus nombreux que ceux qui n'ont pas de quoi se nourrir suffisamment !

Il faut dire que la planète est le siège, depuis trois décennies, d'un véritable effondrement des naissances dans la plupart des pays. En 30 ans, le nombre moyen d'enfants par femme est passé au Maghreb de sept à guère plus de deux, et il ne s'agit pas d'une exception. Seule l'Afrique du sud du Sahara reste encore pour l'essentiel et pour l'instant à l'écart de ce bouleversement planétaire. C'est que les femmes, mieux éduquées, ont maîtrisé les naissances avec une rapidité que personne n'aurait imaginée et rendue ainsi solubles des problèmes qui semblaient ne pas l'être.

LE CLIMAT

Il faut revenir maintenant aux grands acteurs qui ont porté le climat aux premiers rangs des préoccupations du globe et qui marquent toujours si profondément notre époque. Les principaux d'entre eux sont connus et identifiés, notamment par une très abondante littérature anglo-saxonne.

Trois noms émergent alors nettement. Inconnus des Français, il s'agit d'un Suédois, Bert Bolin, d'un Canadien, Maurice Strong, dont le rôle fut décisif, et d'un Américain, James Hansen, dont l'action conjuguée, portée par un activisme de chaque instant, allait donner d'incroyables résultats.

Tous trois ont certes connu des opposants qui ont toujours maintenu que rien n'était prouvé quant à l'influence sur le climat de l'action humaine et plus précisément des émissions de CO_2 qui en résultent. Mais jusqu'à présent, grâce à leur prise de pouvoir au sein des Nations-Unies jamais démentie depuis lors, ce sont les premiers qui ont réussi à prévaloir, à changer le cours des choses et à rendre inaudible la voix de ceux qui ne partageaient pas l'idéologie dominante.

Le Suédois, Bert Bolin

Le premier des grands initiateurs du mouvement qui allait conquérir la planète fut un météorologiste suédois, Bert Bolin.

Né en 1935, Bert Bolin fit ses études à l'université de Stockholm en se spécialisant dans les mathématiques de la circulation de l'air. Il les conclut par un doctorat en météorologie délivré en 1956, puis se fit rapidement une réputation hors des frontières de son pays en participant aux premières recherches internationales sur le climat. Celles-ci lui valurent, alors qu'il n'avait pas encore 34 ans, d'être invité à Washington par l'Académie nationale des sciences américaines devant laquelle il prononça le 28 avril 1959 un exposé qui impressionna suffisamment ses auditeurs pour qu'il fasse l'objet d'un article dans le *New York Times*.

Bert Bolin fit part à cette occasion de deux convictions. D'une part, la concentration de gaz carbonique dans l'atmosphère terrestre allait s'accroître de 25 % d'ici la fin du XXe siècle. D'autre part, il en résulterait des conséquences très graves pour le climat terrestre qui allait connaître un réchauffement radical.

À vrai dire, même si elle est apparue à l'époque comme révolutionnaire, la première de ces affirmations ne faisait guère de doute. Au lendemain de la Seconde Guerre mondiale, le monde développé était entré dans une phase d'expansion économique sans précédent, avec notamment la démocratisation de l'automobile dans les pays industriels, et la consommation de pétrole ne cessait de s'accroître à vive allure, de même que le recours aux deux autres hydrocarbures – le charbon et le gaz naturel – nécessaires pour la marche des usines et pour produire de l'électricité. Il en résultait des émissions sans cesse croissantes de CO_2, dont la nature et notamment les océans ne pouvaient absorber qu'une moitié environ, le reste venant accroître le stock présent dans l'atmosphère.

C'est à cette époque que commencèrent les mesures systématiques de la concentration de CO_2 dans l'atmosphère au sommet du volcan Mauna Loa dans les îles Hawaï, et il était donc relativement facile de prévoir ce qui allait se passer. En fait, cette concentration s'accrut de 17 % entre 1959 et l'an 2000, soit moins qu'annoncé par Bert Bolin, mais il faut lui rendre hommage pour avoir bien prévu le sens général du phénomène.

Une intime conviction

En revanche, la seconde de ses prédictions – le réchauffement massif de la température terrestre qui aurait dû en résulter – ne reposait sur rien d'autre qu'une intime conviction. Bert Bolin avait certes étudié la *météorologie* dont le but est la prévision de l'évolution du climat sur quelques jours ou quelques semaines au mieux, mais cela n'a rien à voir avec la *climatologie* qui est la science de l'évolution du climat sur des périodes se comptant au moins en décennies, ou plutôt en siècles ou en millénaires, voire beaucoup plus encore.

Or, il y a 60 ans, la climatologie se trouvait encore dans les limbes ; la connaissance de l'évolution du climat au cours des ères passées était des plus limitées. Elle n'avait guère varié depuis l'époque où le mathématicien et physicien français Joseph Fourier avait été le premier, au début du XIXe siècle, à identifier l'existence d'un « effet de serre » bénéfique autour de notre planète. Svante Arrhenius, autre savant suédois, avait certes reçu le prix Nobel en 1903, et théorisé bien avant Bert Bolin que l'accroissement de la concentration de CO_2 dans l'atmosphère pourrait éventuellement provoquer un réchauffement du globe. Mais il s'agissait là de simples hypothèses, qui étaient de surcroît difficilement conciliables avec le constat que la Terre avait connu dans le passé des variations extrêmes de son climat, avec la succession d'ères glaciaires et interglaciaires, et sans que celles-ci aient été provoquées par des variations de la teneur en CO_2 de l'atmosphère, ce qui impliquait qu'elles avaient d'autres causes.

Il faut aussi se souvenir qu'à l'époque où Bert Bolin fit sa déclaration à Washington, les ordinateurs étaient dans leur petite enfance et bien incapables de simuler les phénomènes très complexes qui se produisent au sein de l'atmosphère terrestre. Les plus avancés d'entre eux avaient incomparablement moins de puissance de calcul qu'un téléphone portable de notre époque !

Il faut donc se rendre à l'évidence : les déclarations de Bert Bolin affirmant que l'accroissement de la concentration de CO_2 dans l'atmosphère allait bouleverser le climat n'avaient aucune base scientifique, et ne reposaient que sur une « intime conviction » personnelle.

Aussi surprenant que cela puisse paraître, c'est pourtant sur cette intime conviction d'un seul homme que fut fondé le mouvement qui allait ensuite conquérir le monde. Car Bert Bolin n'était pas un simple scientifique parmi d'autres. Comme en témoigna la suite de sa carrière, il était également doté de remarquables capacités politiques et administratives qui le distinguaient de la masse de ses collègues.

Dès 1961, à 36 ans, il fut nommé professeur de météorologie à l'université de Stockholm, fonction qu'il exerça pendant près de 30 ans. En 1964, il créa le Committee on Atmospheric Sciences (CAS) au sein du Conseil international des sciences (ICSU), et en prit la présidence. En 1967, il fonda le Global Atmospheric Research Programme (GARP), devenu plus tard le Global Climate Research Programme (GCRP) par un changement d'intitulé significatif.

Mais Bert Bolin n'était pas homme à rester confiné à des études et des recherches. Ce n'était pas là sa vocation. Les hasards de la vie voulaient qu'il fréquente à cette époque le même club de tennis qu'Olof Palme, l'homme d'État suédois tragiquement assassiné bien des années plus tard. Lorsque survint le premier choc pétrolier, Olof Palme fut convaincu qu'il fallait que son pays, dépourvu de ressources pétrolières, se dote de centrales nucléaires, ce qui n'avait rien d'évident dans une nation où le mouvement écologiste était particulièrement puissant et actif. Devenu Premier ministre et connaissant les thèses de Bert Bolin, il prit alors celui-ci comme conseiller personnel, avec pour mission d'expliquer à ses compatriotes que le véritable danger ne résidait pas dans l'énergie nucléaire, mais dans le charbon producteur de CO_2. Bert Bolin s'acquitta si bien de cette tâche que la Suède mit effectivement en chantier un bon nombre de centrales nucléaires avant la chute du premier gouvernement d'Olof Palme, survenue en 1976.

Libre de ses mouvements, Bert Bolin put alors revenir à ce qui n'avait cessé d'être le but de sa vie. Au cours des 21 années suivantes, c'est-à-dire jusqu'à ce qu'il quitte la présidence du GIEC (IPCC) en 1997, faisant preuve d'une détermination sans faille, d'un remarquable sens de l'organisation et recourant sans scrupules à la désinformation pour faire triompher ses thèses, Bert Bolin fut une âme majeure du mouvement qui allait progressivement porter le changement climatique aux premiers rangs des préoccupations mondiales.

Il fut aidé en cela par les circonstances qui n'avaient guère conforté son point de vue depuis qu'il avait exposé ses convictions en 1959 lors de son discours de Washington. Au lieu de s'accroître comme il l'avait annoncé, la température du globe avait d'abord eu obstinément tendance à *décroître* jusqu'au début des années 1970 donnant raison aux nombreux scientifiques qui affirmaient que les variations climatiques de la Terre avaient toujours connues n'étaient pas liées à la concentration de CO_2 dans l'atmosphère, mais à d'autres phénomènes dont les principaux étaient sans doute d'origine solaire. Pendant toute cette période, Bert Bolin avait été écouté poliment, sans plus, et avait bien souvent eu le sentiment de prêcher dans le désert parmi ses collègues.

Tout changea à partir de 1975. Pendant le quart de siècle suivant, et avant de stagner de 2000 à 2015, la température du globe connut une phase quasiment ininterrompue de croissance, donnant ainsi une crédibilité et un retentissement planétaire aux vues de celui qui, seul contre tous ou presque, n'avait cessé d'affirmer que c'était ainsi que les choses devaient un jour se passer.

Mettant alors à profit l'influence inhérente à ses présidences internationales, et bénéficiant du prestige que lui avaient conféré ses responsabilités quasi ministérielles en Suède, Bert Bolin se mit à l'œuvre avec des résultats exceptionnels. Il fut l'un des acteurs majeurs qui portèrent sur les fonts baptismaux l'organisme central du dispositif climatique mondial qu'est le GIEC (IPCC), dont il fut de surcroît le premier et omniprésent président pendant neuf ans de 1988 à 1997 durant lesquels il fit de celui-ci l'outil de sa cause.

Mais avant d'en arriver là, le chemin fut d'abord long et lent. Il fallut attendre 1985, c'est-à-dire dix ans après le début de la phase de réchauffement initiée en 1975, pour que les choses commencent vraiment à bouger, et aillent alors très vite. Le coup d'envoi du processus qui allait donner naissance trois ans plus tard au GIEC (IPCC) se déroula en effet en 1985 en Suisse, dans le village de Villach, à l'occasion d'une conférence sur le climat organisée conjointement par l'Organisation météorologique mondiale (OMM) et le département de l'environnement des Nations unies (PNUE – UNEP) dont le but était « *d'étudier le rôle du CO_2 et des autres gaz à effet de serre sur les variations du climat et sur leurs conséquences* ».

Ayant préparé un rapport de plus de 500 pages en vue de la réunion, Bert Bolin se trouva naturellement en être l'animateur principal. Ce rapport reprenait, en la précisant et en lui donnant un caractère dramatique, la thèse qu'il avait déjà développée à Washington 25 ans auparavant. L'hypothèse que le climat soit en train de changer profondément y était présentée comme « plausible et très probable ». La conférence conclut donc, sur sa proposition, « qu'elle croyait que la première moitié du XXIe siècle pourrait connaître une croissance de la température terrestre moyenne plus forte que toutes celles qui se sont produites dans l'histoire de l'humanité, du fait de l'accroissement de la concentration des gaz à effet de serre dans l'atmosphère ».

Toujours sur la proposition de Bert Bolin, elle précisa que « *les modèles informatiques modernes indiquaient une élévation probable de la température pouvant atteindre 4,5 degrés, ce qui pourrait provoquer une élévation du niveau de la mer proche d'1,50 mètre* ». Il était donc « *urgent de mettre en œuvre des politiques internationalement agréées de réduction des émissions des gaz responsables ainsi que des stratégies destinées à minimiser les conséquences des changements climatiques et de la montée des eaux marines et à y faire face* ». Élaborée dès 1985, on trouve là, pratiquement mot à mot, ce qui allait devenir la vulgate sans cesse ressassée jusqu'à nos jours.

Enfin, constatant qu'aucune nation n'avait la capacité d'agir seule, la conférence de Villach concluait en déclarant que « *la réponse de l'humanité devait être coordonnée au plus haut niveau international à travers l'Organisation météorologique internationale et les Nations unies et, si nécessaire, d'être appuyée par une "Convention mondiale" à créer* ». C'est exactement ce qui allait se passer.

Ayant ainsi fait avaliser ses vues, Bert Bolin contribuait à jeter les bases de l'édifice qui allait être mis sur pied au cours des années suivantes et qui régit encore aujourd'hui l'action mondiale dans le domaine du climat.

Les conclusions de la conférence de Villach devinrent la référence qu'adoptèrent tous les acteurs du dossier, dont pratiquement aucun n'avait la moindre connaissance en matière du climat.

La création du GIEC intervint quant à elle à Genève en novembre 1988. Tout naturellement, Bert Bolin fut choisi comme premier président du nouvel organisme dont il définit lui-même les principes et les modes de fonctionnement qui sont encore en vigueur de nos jours. Le chapitre suivant qui leur est consacré montrera que Bert Bolin, resté 9 ans à la tête du GIEC et emporté par ses convictions et par le désir de les faire triompher, prit alors les plus grandes distances avec l'honnêteté intellectuelle.

Le Canadien, Maurice Strong

Quelle qu'ait été son action, Bert Bolin n'aurait pu réussir sans un autre personnage, un Canadien, qui allait jouer le rôle central pour faire du changement climatique une préoccupation planétaire majeure, avec d'immenses conséquences politiques et économiques. Né en 1929 et décédé en 2015, Maurice Strong connut une vie incroyable puisque, parti de rien, il fut à différentes époques chef d'entreprise, milliardaire, secrétaire général adjoint des Nations unies, avant d'être condamné pour escroquerie internationale et de devoir fuir en Chine sur ses vieux jours avant de terminer sa vie au Canada.

Il réussit tout d'abord à faire fortune dans l'industrie pétrolière et l'énergie, et fut successivement président de Petro-Canada, de la Power Corporation of Canada, puis d'Ontario Hydro. Mais, outre ses talents d'homme d'affaires, Maurice Strong avait de profondes convictions collectivistes, malthusiennes et antinatalistes. Profondément marqué par la grande récession d'entre les deux guerres, il était convaincu qu'il fallait créer une gouvernance planétaire pour mettre fin aux conflits, faire régner l'ordre sur le globe terrestre, et exploiter au mieux ses ressources. C'était là le véritable but de sa vie. À 18 ans, il s'était d'ailleurs déjà fait engager de manière prémonitoire comme membre du service de sécurité des Nations unies à New York !

Bien plus tard, après avoir fait fortune, il côtoya les grands de ce monde et notamment David Rockefeller qui le prit en sympathie et l'invita au sein des cercles élitistes et très fermés que constituaient la mystérieuse Trilatérale et plus encore le groupe Bildenberg fondé par Robert MacNamara. Maurice Strong devint alors également proche des responsables politiques de son pays. En 1969, le Premier ministre de l'époque le chargea de créer l'Agence de développement international du Canada, ce qui amena le secrétaire général des Nations unies, U Thant, à lui confier en 1971 la présidence de la première conférence des Nations unies sur le développement humain, qui se tint en 1972 à Stockholm et dont l'objectif était d'améliorer le fonctionnement de la planète au bénéfice de l'humanité, mais sans qu'apparaisse alors spécifiquement une quelconque préoccupation climatique.

À la même époque, il compta parmi les membres actifs du Club de Rome. Ainsi investi d'une responsabilité planétaire, Maurice Strong mit méthodiquement en place une mécanique qui allait changer le cours du monde.

En 1973, il fit tout d'abord créer au sein des Nations-Unies un nouveau département, l'UNEP (United Nations Environment Program) ou PNUE (Programme des Nations-Unies pour l'Environnement), dont il fut le premier directeur pendant deux ans et au sein duquel il recruta par priorité des militants des grandes ONG écologistes. Cet intitulé discret cachait le fait qu'il s'agissait en réalité d'un véritable ministère de l'Environnement des Nations unies. À 44 ans, Maurice Strong se trouvait ainsi devenu ministre de l'Environnement de la planète.

Dès 1974, il pouvait alors exposer sa vision du monde et ses objectifs : « *Beaucoup des problèmes de l'humanité découlent du matérialisme égoïste des pays riches, qui font porter un poids si lourd sur les nations pauvres ou en développement. Ceci est à l'origine d'un dilemme moral, économique et politique qui s'impose à la communauté mondiale... Et l'une des conséquences de cette situation, c'est que nous sommes peut-être au début d'une modification majeure du système climatique mondial.* »

La problématique du changement climatique apparaissait ainsi dans les propos de Maurice Strong comme étant un argument majeur pour justifier la création d'un gouvernement mondial. Ayant arrêté ses études à 14 ans, Maurice Strong n'avait évidemment aucune formation dans le domaine du climat ni aucune connaissance du sujet, mais ses fonctions lui avaient permis de rencontrer Bert Bolin, et il avait vu tout de suite l'extraordinaire opportunité que représentait pour lui la thèse d'une responsabilité de l'homme à l'égard du climat, qui justifiait sa vision d'une nécessaire organisation institutionnelle supranationale du monde.

Deux ans plus tard, Maurice Strong abandonnait ses fonctions à la tête de l'UNEP-PNUE pour relancer ses affaires personnelles et accroître encore sa fortune. Mais il ne quittait pas pour autant le secteur de l'environnement, bien au contraire. Il fut ainsi nommé en 1983 par le nouveau secrétaire général des Nations unies, Kofi Annan, comme membre de la « Commission mondiale sur l'environnement et le développement », connue sous le nom de commission « Brundtland » au sein de laquelle il retrouva Bert Bolin. Les conclusions de cette commission allaient jouer un rôle fondateur pour l'évolution des idées planétaires puisqu'elle donna notamment naissance à la notion de « développement durable ».

Maurice Strong prit soin que le document publié par cette commission et connu sous le nom de rapport Brundtland reprenne intégralement les conclusions de la réunion sur le climat de Villach dont Bert Bolin avait été la cheville ouvrière.

Le rapport Brundtland spécifia ainsi, à nouveau sans preuve, que : « *Le recours aux combustibles fossiles pourrait, dès le début du XXI*[e] *siècle, avoir suffisamment augmenté la température moyenne de la planète pour bouleverser les zones de production agricole, faire inonder les villes établies sur les côtes du fait de l'élévation du niveau de la mer, et mettre à mal les économies nationales.* ». Rien n'est changé depuis lors dans les discours qui ont cours de nos jours.

Fort heureusement, rien de tout cela ne s'est produit, mais le rapport de la commission Brundtland publié le 30 mars 1987 affirma en outre « *qu'une action internationale vigoureuse était nécessaire pour réduire les volumes de* CO_2 *émis par l'usage des combustibles fossiles* ». On voit là, exprimée cette fois-ci au plus haut niveau, la doctrine qui allait inspirer l'action des Nations-Unies et des pays développés jusqu'à nos jours.

Les conditions étaient alors réunies pour que 1988 devienne une année charnière. Au milieu de celle-ci, une conférence mondiale sur le changement de l'atmosphère se tint tout d'abord à Toronto à l'initiative de Maurice Strong, afin de déterminer comment mettre en œuvre les conclusions de la commission Brundtland.

L'évolution des esprits fut si profonde à l'époque que Margaret Thatcher, pourtant peu suspecte d'être facilement influençable, fut elle-même marquée au point de déclarer en septembre 1988 devant la Royal Society, l'équivalent de notre Académie des sciences : « *On nous assure qu'un réchauffement d'un degré par décennie excéderait largement la capacité d'adaptation de notre habitat. Un tel réchauffement pourrait accélérer la fonte des glaces et accroître le niveau de la mer de plusieurs pieds… Il est remarquable que les cinq années les plus chaudes depuis un siècle aient toutes été situées au cours de la décennie 1980…* » Et il était vrai que la température moyenne mondiale était alors en accroissement puisqu'on était au cœur d'une phase d'élévation qui allait durer plus de vingt ans, de 1975 à 2000.

Événement capital enfin, le GIEC (IPCC) vit le jour à Genève en novembre 1988 sous la forme d'une filiale commune des deux organismes clés : l'UNEP qu'avait créé 16 ans plus tôt Maurice Strong au sein des Nations-Unies, et l'Organisation météorologique mondiale (OMM) où Bert Bolin jouait alors un rôle majeur. Il est intéressant de noter toutefois que cette réunion fondatrice de Genève n'avait réuni que 28 pays, car la préoccupation climatique, pratiquement inexistante quelques années plus tôt, commençait seulement à émerger au sein des gouvernements de la planète.

Mais Maurice Strong n'avait pas encore dit son dernier mot. Il lui restait à mener à bien le projet qui allait marquer le véritable lancement de la cause climatique au premier rang des priorités mondiales, alors qu'elle était restée jusqu'alors confinée à un cercle relativement restreint et que la plupart des pays n'en avaient guère entendu parler et s'en désintéressaient.

Rio de Janeiro, 1992 : le sommet fondateur

Il allait mettre sur pied pour cela un événement planétaire sans précédent. Il fit tout d'abord alliance avec les grandes organisations écologiques, ce qui lui fut d'autant plus facile qu'il disposait au nom des Nations unies de moyens financiers considérables. Ces grandes organisations s'appellent Greenpeace, les Amis de la Terre, World Wildlife Fund (WWF). Elles avaient été créées avec une motivation essentiellement antinucléaire comme le rappela en son temps l'épisode qui vit l'un des bateaux de Greenpeace coulé en Nouvelle Zélande par les services secrets français. Mais, la fin de la Guerre froide étant survenue, elles allaient ensuite changer de cible et concentrer leurs actions contre les émissions des gaz à effet de serre et notamment du CO_2, avant de revenir également en 2011 à leur motivation première à la suite du tsunami qui ravagea la côte Est du Japon.

Maurice Strong n'eut donc aucun mal à les convaincre de se joindre à lui, confortant ainsi de manière institutionnelle une alliance sans faille entre les ONG écologistes et les Nations unies qui dure toujours puisqu'elles ont encore de nos jours les rênes du pouvoir au sein de ces dernières.

Fort de leur appui, Maurice Strong se fit alors désigner par le secrétaire général des Nations unies comme président du premier « Sommet de la Terre » consacré au climat. Celui-ci se tint à Rio de Janeiro à la fin de mai 1992 avec un retentissement immense, et vit se dérouler en parallèle deux séries de rencontres.

D'un côté, à l'invitation des Nations unies, une conférence officielle prit place, à laquelle assistèrent 108 chefs d'État ou Premiers ministres en présence de 10 000 représentants des médias du monde entier. On put parler à cette époque sans se tromper de la plus importante réunion internationale de l'histoire, car jamais aucun événement n'avait connu telle assistance.

En ouvrant cette extraordinaire rencontre, Maurice Strong put réitérer dans son discours inaugural sa vision du monde et développer ses motivations profondes qui dépassaient de loin le seul champ du climat : « *Le concept de souveraineté nationale a été jusqu'à présent un principe immuable des relations internationales. C'est un principe qui ne cédera que lentement et avec réticence devant les impératifs nouveaux de la nécessité d'une coopération mondiale pour l'environnement. Le temps où la souveraineté pouvait être exercée unilatéralement par chaque nation est révolu quelle que soit sa puissance, car la sécurité de son environnement doit être garantie à la communauté mondiale.* »

On comprend facilement pourquoi l'idée que les activités humaines puissent avoir une influence catastrophique sur le climat avait séduit Maurice Strong, comme elle continue à séduire d'innombrables émules qui y voient la confirmation de leur vision négative de l'humanité, et la preuve de la nécessité d'un gouvernement mondial pour donner naissance à des lendemains meilleurs.

On comprend aussi pourquoi les Nations-Unies furent séduites par l'idée qu'elles auraient désormais un nouveau rôle à jouer, celui de « sauver la planète ».

Parallèlement à cette conférence officielle se tint un forum mondial des ONG, sorte de « happening » non-stop qui dura plus d'une semaine, et auquel participèrent 20 000 militants écologistes et notamment 2 400 membres des grandes ONG dont Maurice Strong avait fait généreusement sponsoriser par les Nations unies le déplacement à Rio car ils étaient censés représenter les peuples du monde !

Il est inutile de dire que ces 20 000 participants auraient été bien incapables d'acquitter leurs frais d'avion et d'hôtel. Mais Maurice Strong avait accès aux fonds des Nations unies, pratiquement illimités en l'occurrence et d'une grande opacité. Il mit ainsi en place un mécanisme qui perdure toujours et qui seul peut expliquer que chacune des grandes réunions écologiques qui ponctuent avec régularité le calendrier bénéficie de la présence aux quatre coins de la planète de milliers ou de dizaines de milliers de participants d'autant plus enthousiastes qu'elles se tiennent souvent en des lieux qui n'ont rien de répulsif (Bali, Kyoto, Dubaï, Cancún, Rio de Janeiro…).

L'événement connut donc un retentissement immense, et déboucha sur la signature dans l'enthousiasme le 12 juin 1992 à Rio d'un document mettant sur pied une nouvelle structure permanente des Nations unies, complétant le GIEC créé quatre ans plus tôt. Il s'agit de l'*UN Framework Convention on Climate Change* (UNFCCC) imaginé plus tôt par Bert Bolin. Par ce texte, tous les gouvernements signataires acceptaient de s'engager ultérieurement à une réduction volontaire de leurs émissions de gaz à effet de serre, dans le but « *de prévenir l'interférence dangereuse des émissions liées à l'activité humaine avec le système climatique de la Terre* », afin notamment que les émissions des pays développés ne dépassent pas en l'an 2000 leur niveau de 1990, ce qui se révéla être un vœu pieux, le premier d'un longue liste puisqu'elles s'accrurent de plus de 10 % entre les deux dates. Il était prévu que cette convention débouche ensuite sur des protocoles particuliers que les pays signataires devraient alors impérativement respecter, et dont le plus connu fut celui de Kyoto de 1997.

Moins de quatre ans après la création du GIEC qui était passée inaperçue, le thème du changement climatique se trouvait ainsi propulsé aux premiers rangs des priorités mondiales. L'alliance contre nature entre les Nations unies censées défendre l'intérêt général, et des ONG écologistes dont les objectifs sont essentiellement idéologiques, fut le coup de génie décisif de Maurice Strong. Il avait réussi. Selon ses propres termes, le Sommet de la Terre de Rio avait constitué « *un moment historique pour l'humanité* ». Il avait dépassé Lyssenko.

L'Américain, James Hansen

Maurice Strong n'aurait peut-être pas rencontré le même succès sans l'intervention fracassante dans le débat climatique d'un troisième homme. L'année 1988 avait vu apparaître sur la scène mondiale un personnage hors normes dont le rôle serait presque aussi capital. Celui-ci allait mobiliser l'opinion américaine et apporter une caution en apparence scientifique aux thèses les plus apocalyptiques quant à l'ampleur possible du réchauffement climatique et à la responsabilité supposée de l'humanité à son égard du fait du CO_2 engendré par le recours au pétrole, au gaz naturel et au charbon.

Né en 1941, le docteur James Hansen dirigeait depuis 1981 un département de la NASA, le Goddard Institute for Space Studies (GISS) dont il allait faire un puissant outil au service de ses convictions. Après des études de physique et d'astronomie, James Hansen avait commencé sa carrière par l'étude de l'atmosphère de Vénus, souvent présentée comme la « planète sœur » de la Terre. Mais, si cette comparaison est légitime s'agissant de leurs dimensions, elle ne l'est guère quant à l'atmosphère qui entoure les deux planètes. Très dense, celle de Vénus est essentiellement composée de CO, et sa température atteint 460 degrés, ce qui y exclut évidemment toute possibilité de vie ayant un quelconque rapport avec la nôtre.

Après ses premières années d'études, James Hansen s'intéressa ensuite à notre planète. Et, sans doute impressionné par ce qu'il avait appris sur le sort de Vénus, il se persuada que l'accroissement prévisible de la présence de gaz carbonique au sein de notre propre atmosphère ne pourrait qu'entraîner une forte hausse des températures. Pourtant, la pression au sol de l'atmosphère vénusienne est 100 fois plus forte que celle de l'atmosphère terrestre. L'atmosphère vénusienne est en outre composée presque exclusivement de CO_2, alors que celui-ci représente quatre pour mille de la nôtre, soit 0,04 % !

Un simple calcul montre donc que l'atmosphère de Vénus comporte ainsi *250 000 fois plus de CO_2* que celle de la Terre. Que James Hansen ait pu déduire de ses recherches sur Vénus sans la moindre preuve scientifique que le CO_2 allait réchauffer notre planète reste à coup sûr un mystère plus impénétrable que l'atmosphère de notre planète sœur.

Partant de préalables différents, il rejoignait ainsi les intuitions qu'avait rendues publiques Bert Bolin dès 1959. Mais, tout comme Bert Bolin, en ne prenant en compte que le CO_2, James Hansen ignorait les multiples autres facteurs qui pouvaient influer sur le climat de notre globe.

James Hansen possédait un autre point commun avec Bert Bolin et Maurice Strong, le situant à l'opposé de toute démarche scientifique : le doute lui était étranger. Très vite, à compter des années 1985, il devint alors le chantre infatigable de la thèse de l'influence des activités humaines sur le climat, et son renom naissant allait l'amener à jouer dans une circonstance inattendue un rôle décisif pour la sensibilisation de l'opinion américaine sinon mondiale aux risques de changement du climat.

La réputation de prosélyte de James Hansen était en effet parvenue jusqu'à deux membres influents du Sénat américain qui partageaient les mêmes convictions que lui. Il s'agissait d'un dénommé Tom Wirth et surtout d'Al Gore qui allait plus tard briguer la présidence des États-Unis sur la base d'un programme à forte composante écologique, et manquer d'ailleurs celle-ci d'un rien. Les deux sénateurs prirent l'initiative d'inviter James Hansen à exposer ses thèses lors d'une séance exceptionnelle du Sénat, le 23 juin 1988, et y convièrent tous les médias nationaux et internationaux en leur annonçant que des révélations inédites et fracassantes allaient leur être faites.

Les représentants des médias ne furent pas déçus. James Hansen se trouvait favorisé par les faits car une canicule presque sans précédent régnait alors sur Washington, et la climatisation de la salle de l'audience se révélait inefficace en regard d'une chaleur insupportable qui paraissait appuyer ses propos.

Hansen affirma alors devant les sénateurs en sueur que tout indiquait que « 1988 allait être une année exceptionnellement chaude alors que la décennie 1980 avait déjà compté quatre années ayant battu des records de chaleur ». Plus de 30 ans plus tard, c'est exactement le même discours que nous entendons toujours...

Mais c'est dans les conclusions à en tirer qu'Hansen perdit toute prudence scientifique, en affirmant « *qu'il était certain à 99 %, sur la base de 2 000 stations d'enregistrement disséminées dans le monde, que les gaz à effet de serre et notamment le CO_2, étaient la cause de ce réchauffement, qu'il était donc temps de cesser de parler et qu'il fallait agir* » !

Bien entendu, cette phrase était un non-sens car il est impossible de déduire de simples observations de la température une relation de cause à effet avec la présence du CO_2. Mais, prononcée avec la plus extrême vigueur, la déclaration péremptoire de James Hansen qui ne reposait sur rien eut alors aux États-Unis et dans le monde entier un retentissement immense et y fit largement basculer l'opinion en faveur de la thèse de la responsabilité humaine à l'égard de l'évolution du climat. Pour la première fois, un scientifique *a priori* insoupçonnable, dirigeant un département de la prestigieuse NASA et disposant des plus puissants ordinateurs de l'époque, cautionnait les thèses les plus alarmistes pour l'avenir de la planète, annonçant la fin du monde ou presque. C'était du pain béni pour les médias qui ne pouvaient demander mieux et l'information fit immédiatement le tour du monde, jouant un rôle décisif pour entraîner l'adhésion des États-Unis au projet de création du GIEC (IPCC), quelques mois plus tard.

Pour donner une idée du poids des convictions de James Hansen et montrer qu'elles lui ont fait abandonner à de multiples reprises toute mesure, il suffit de mentionner qu'il n'hésita pas à déclarer peu après qu'il fallait sans tarder bannir complètement le recours aux centrales à charbon qui fournissent pourtant l'essentiel de l'électricité mondiale, les baptisant « centrales de la mort » alors qu'elles sauvent des millions de vies par l'électricité qu'elle procure aux pays en développement, en ajoutant que les dirigeants des grandes entreprises du secteur de l'énergie devraient être poursuivis pour « crimes contre l'humanité et la nature » car ils cachaient la vérité comme l'avaient fait en leur temps les fabricants de cigarettes.

En une autre occasion, il alla jusqu'à comparer les trains de charbon se dirigeant vers les centrales électriques aux « trains de la mort » de sinistre mémoire qui ont sillonné l'Europe pendant la Seconde Guerre mondiale. En 2004, il annonça que la mer allait monter de dix mètres alors que, d'après les rapports du GIEC eux-mêmes, son niveau s'accroît de 3 (trois) millimètres par an, c'est-à-dire de 3 centimètres par décénnie. Les centimètres étaient confondus avec les mètres ! En 2009, il se rendit spécialement en Grande-Bretagne pour témoigner en faveur d'écologistes qui avaient envahi une centrale à charbon pour s'opposer à son extension.

N'ayant rien perdu de son activisme, il a été arrêté et menotté trois fois devant la Maison-Blanche en 2010 et 2011 à l'occasion de manifestations de militants écologistes, l'une demandant la fin de l'exploitation du charbon, et l'autre l'abandon d'un projet d'oléoduc en provenance du Canada, celui que Joe Biden fit arrêter dix ans plus tard.

Encore de nos jours, à nouveau à cause de ses déclarations incessantes et fracassantes, prédisant en toute occasion l'apocalypse pour demain, il est toujours à la base des affirmations du GIEC dont il constitue une omniprésente référence.

Très différents par leur origine et leur parcours, les trois personnages qui ont contribué à prendre le pouvoir au sein des Nations-Unies possédaient des caractéristiques communes.

Tout d'abord, ils ne connaissaient rien du climat terrestre et n'étaient nullement « climatologues ». Bert Bolin était météorologue ce qui n'a rien à voir. James Hansen avait étudié la planète Vénus, qui compte 200 000 fois plus de CO_2 que la Terre et dont l'expérience n'est donc pas transposable. Enfin Maurice Strong avait cessé ses études au niveau du secondaire ! Le seul véritable spécialiste connu de l'époque, Richard Lindzen titulaire de la chaîne de climatologie du MIT, l'une des très rares qui existaient alors, n'a cessé de clamer que le CO_2 n'était qu'un contributeur secondaire à l'effet de serre et que l'accroissement de sa présence dans l'atmosphère ne pouvait avoir d'influence significative sur les variations de la température et du climat terrestres.

On pourrait alors se demander si les trois protagonistes de la thèse de l'influence du recours aux hydrocarbures sur le climat étaient de bonne ou de mauvaise foi si la réponse n'était claire. Ils étaient de foi, une foi inébranlable dans le caractère néfaste de l'action humaine et la certitude que celle-ci conduisait à un désastre qu'ils avaient mission d'éviter. Une foi qui, contrairement à leurs affirmations, ne reposait en rien sur la science et les faits, une science qu'ils ne maîtrisaient pas, mais uniquement sur une irrationnelle et inébranlable conviction intime enracinée au plus profond d'eux-mêmes. Véritables prophètes, ils possédaient en outre une ardeur de conviction sans égale, qu'ils mirent au service de leur croyances communes pour donner naissance à une religion des temps modernes qui perdure jusqu'à ce jour, servie par des successeurs tout autant déterminés qu'eux.

CHAPITRE III

Le verrouillage

En novembre 1988, Bert Bolin se trouva donc élu à la tête du tout nouvel organisme à vocation mondiale, l'IPCC (Intergovernmental Panel on Climate Change) ou GIEC (Groupe d'experts Intergouvernemental sur le Changement Climatique) que Maurice Strong avait conçu et qu'il avait tant contribué à créer. Pour atteindre son but ultime, c'est-à-dire que le monde entier adhère à ses intuitions quant à l'action négative de l'homme sur le climat, il mit alors en œuvre une série d'actions dont l'efficacité force l'admiration à défaut de susciter l'estime. Porté par ses convictions, Bert Bolin se révéla être un extraordinaire manipulateur à la tête de l'organisme qu'il présida pendant neuf ans.

Car le GIEC avait toute chance de ne déboucher sur rien de concret. L'immense majorité des 195 pays membres n'avait – et n'a toujours pas – la moindre compétence dans le domaine du climat, sujet d'une extrême complexité et dont le nombre de vrais spécialistes reste très limité au niveau du globe. Seuls une dizaine de pays tout au plus pouvaient prétendre utilement part aux débats en 1988, et leur nombre n'excède sans doute pas une vingtaine à l'heure actuelle.

Dans leur immense majorité, les pays membres seraient donc nécessairement représentés au sein du GIEC par des fonctionnaires ou par des membres de leur gouvernement sans aucune qualification en matière de climat.

Or, comme on l'a vu, le GIEC est un organisme *intergouvernemental* et non pas *international*, ce qui n'est pas du tout la même chose. Clone de l'ONU, c'est en réalité une structure qui n'est en rien scientifique mais doit représenter le point de vue des gouvernements des pays qui le composent, et où les décisions sont prises à la majorité des voix par un processus de vote, aberration lorsqu'il s'agit de sujets scientifiques.

Autrement dit, les débats au sein du nouvel organisme avaient toute chance de ne rien donner, et celui-ci de tomber dans l'indifférence qui caractérise beaucoup de constructions « onusiennes ». Comment aurait-il été possible d'accorder un quelconque crédit à des débats sur le climat conduits par des gens qui n'y connaissaient rien ? Pour éviter cet écueil, il était essentiel de changer vis-à-vis de l'extérieur l'image de l'IPCC pour lui donner la respectabilité qui s'attache aux organismes non pas politiques, mais scientifiques.

Un stupéfiant mensonge

Comme on l'a vu, à défaut d'avoir pu l'obtenir au sein de la dénomination d'origine, Bert Belin réussit alors à faire introduire le mot « expert » dans toutes les traductions de la dénomination d'origine, car on retrouve le même mot dans les versions espagnole, russe, arabe, chinoise, etc. Le titre de l'organisme dans ces traductions est alors tout simplement un faux grossier.

L'IPCC est le seul organisme dont la traduction dans les autres langues ait été ainsi manipulée. En espagnol, c'est ainsi le *Grupo Intergubernamental de Expertos sobre el Cambio Climatico*. Un tel travestissement de la réalité, pour ne pas dire un tel mensonge, demeure sans précédent connu. On reste confondu. Pourtant, personne n'a protesté contre ce qui représente une imposture manifeste.

Une telle malhonnêteté intellectuelle a permis de changer totalement la perception de l'organisme. De *politique*, ce qu'il est puisque sa mission est de représenter la position des gouvernements sur la base de votes, il parût être devenu *scientifique* et composé d'experts comme le monde entier en est désormais convaincu. Or il n'obéit en rien, comme on le verra plus tard aux règles de base qui gouvernent les organismes scientifiques, et sa gestion reste celle d'un organisme éminemment politique, au sein duquel la science est caricaturalement travestie.

Le verrouillage

Cette manipulation majeure ne constituait qu'une première étape. Il restait à Bert Bolin à prendre le pouvoir au sein de la nouvelle structure en verrouillant les débats en son sein et en gardant la maîtrise des conclusions rendues publiques pour s'assurer que celles-ci soient toujours conformes à sa conviction de l'influence de l'homme sur le climat.

Les procédures qu'il mit en place et qui fonctionnent toujours, comme on l'a vu à l'occasion du rapport SRREN décrit précédemment, ne laissent aucune place au hasard et pas la moindre chance à ceux qui ne partageraient pas les mêmes convictions, et ceci aux trois niveaux du dispositif : son assemblée générale, ses groupes d'experts, et son bureau.

L'Assemblée générale

Comme aux Nations unies, l'assemblée générale du GIEC (IPCC) regroupe les 195 pays qui composent peu ou prou la planète, et chacun d'entre eux y dispose d'une voix. Cette assemblée générale se voit soumettre des rapports qui comportent au minimum un millier de pages, et très souvent beaucoup plus, sur lesquels elle est amenée à se prononcer. Comme on l'a vu, 90 % des pays qui la composent ne disposent d'aucun d'expert capable d'avoir une quelconque opinion sur de tels documents, d'autant plus que chacun de ceux-ci aborde le dossier du climat sous de très nombreux aspects et devrait être examiné conjointement par de multiples spécialistes de disciplines différentes pour qu'une conclusion valable puisse émerger à leur égard.

Dans de telles conditions, les rapports qui sont soumis au vote de l'assemblée générale du GIEC sont toujours approuvés à l'unanimité, aucun des représentants des différents pays – fonctionnaires ou responsables politiques en général – n'étant en mesure d'émettre un quelconque jugement sur eux, et personne n'osant contrer des documents qui portent la signature des centaines ou des milliers d'experts qui y ont contribué et sont censés les cautionner. L'unanimité règne d'autant plus que ceux qui votent sont désignés par le ministre de l'Environnement de leur pays et donc peu susceptibles de s'opposer aux thèses soutenues par celui-ci qui sont toujours orientées dans la même direction.

On imagine sans mal la valeur qui s'attache à de telles approbations prises « à l'unanimité » par tous les pays de la planète, argument sans cesse mis en avant par les responsables du GIEC comme preuve sans appel de la validité de leurs conclusions. Tel est le deuxième étage du mécanisme imaginé par Bert Bolin : faire voter par des responsables administratifs ou politiques des textes scientifiques qui leur sont totalement inaccessibles en leur faisant croire qu'ils ont été validés par des centaines de « climatologues ». Le seul moment où l'assemblée générale intervient réellement se situe une fois tous les six ans, au moment de l'élection des membres du bureau et de son président.

Les groupes d'experts

Permanents ou temporaires, les groupes d'experts constituent le cœur du dispositif mis en place par Bert Bolin. La contribution aux travaux du GIEC de milliers « d'experts » qui viendront les cautionner par leur nombre a été l'un des apports les plus ingénieux et les plus décisifs de Bert Bolin. À vrai dire, il n'avait fait là que reprendre l'une des méthodes habituelles des ONG écologistes, qui cherchent toujours à obtenir la « caution » de multiples « experts », vrais ou faux, afin de faire paraître ceux qui ne partagent pas leur point de vue comme étant des marginaux isolés sinon dangereux que personne ne doit prendre au sérieux. C'était aussi, à une autre époque de sinistre mémoire, la procédure qui a permis à Lyssenko de faire prévaloir des théories absurdes sur la génétique, faisant triompher pendant plus de trente ans la science officielle, une « pseudo science », sur la science véritable.

Les experts recrutés par le GIEC œuvrent au sein de groupes de travail dont trois sont permanents. Il s'agit du groupe I, consacré à l'étude de l'évolution passée et future du climat, du groupe II qui a pour objet d'étudier comment faire face aux variations climatiques, et du groupe III dont le but est de voir comment limiter les émissions de gaz à effet de serre censées influer sur le climat.

Mais les trois groupes permanents ne sont pas les seuls. D'autres sont temporaires, tels que celui qui a produit le rapport SRREN sur les énergies renouvelables.

Tous fonctionnent sur le même principe. La très grande majorité des experts qui y contribuent, et parfois la totalité de ceux qui participent à leurs travaux n'ont aucune compétence en climatologie. Chacun d'entre eux ne traite que du domaine qu'il connaît, au sein d'un éventail qui comprend des centaines de thèmes.

Il faut ajouter que les règles des Nations unies imposent une répartition à égalité entre pays développés et en développement, c'est-à-dire que les nominations des « experts » n'ont bien souvent aucun rapport avec une véritable « expertise » dans quelque domaine que ce soit

Dès qu'ils sont choisis, tous sont pourtant qualifiés « d'auteur » des documents auxquels ils ont participé, étant entendu qu'ils sont répartis selon une sémantique bien arrêtée en trois catégories : auteurs contributeurs (*contributing authors* – CA), auteurs principaux (*lead authors* – LA), et auteurs principaux coordinateurs (*coordinating lead authors* – CLA).

C'est là une autre désinformation fondamentale sciemment mise en place par Bert Bolin. Tous ces milliers d'« experts », compétents ou non dans leur discipline, mais qui n'y connaissent rien en climat, deviennent par miracle des « climatologues », les meilleurs qui soient, lorsque les rapports du GIEC sont rendus publics. Ces rapports sont alors présentés comme étant cautionnés par des « milliers de climatologues unanimes ». Qui oserait les contredire ?

C'est la présence de ces milliers de signatures sur les différents rapports du GIEC qui permet d'affirmer que *« la science a parlé »*. Le processus est génial, mais il s'agit d'un mauvais génie.

Les consensus

L'essentiel est en effet de pouvoir mettre en avant un « consensus ». Cette notion de consensus est fondamentale. Pour faire taire toute contestation, il faut à tout prix recueillir le maximum de signatures pour faire croire qu'il y a unanimité de la communauté scientifique, et que cette unanimité émane des meilleurs « climatologues » alors que la quasi-totalité des signataires des documents correspondants n'a aucune compétence en la matière. Bien entendu, rien de tout cela n'est dû au hasard, et c'est là le troisième étage de la mécanique mise en place par Bert Bolin.

La vérité, c'est que les « consensus » de milliers ou de centaines d'experts ne sont en général le fait que de quelques personnes, et même dans certains cas d'une seule comme on l'a vu dans le cas du rapport fondateur sur les énergies renouvelables dont seul un des 1 176 experts cités aurait osé cautionner les déclarations fallacieuses des dirigeants du GIEC à l'issue des travaux, puisqu'il en était l'auteur.

Le choix des experts

Composant une armée mexicaine, les *lead authors* (auteurs leaders) sont les plus nombreux, ce qui implique que leur responsabilité est en fait généralement très limitée, contrairement à ce que laisse entendre leur titre choisi à dessein. Tout au plus peuvent-ils rédiger quelques paragraphes ou quelques pages au sein de documents qui en comptent plus de 1 000. Mais, du fait de leur appellation trompeuse d'auteurs « leaders », ils peuvent faire croire dans leur pays d'origine qu'ils occupent un rôle important. À vrai dire, leur travail ne sert le plus souvent à rien, sauf à servir de caution, ce qui est le but poursuivi.

Ceux qui commencent à compter réellement sont les *coordonating lead authors* qui sont au nombre d'un ou deux par chapitre, et également d'un ou deux pour la synthèse de chaque rapport.

Quel que soit leur titre, tous ces auteurs font l'objet d'un processus de sélection qui est en apparence ouvert, mais qui s'avère en réalité et verrouillé, car il résulte d'un *choix conjoint* des ONG et du GIEC comme chacun peut le constater sur le site officiel du GIEC !

Le Bureau et le Président

Élu par l'assemblée générale, le Bureau est enfin l'organe essentiel. Composé à l'origine de 30 membres, les règles de la parité imposent comme on l'a vu qu'une quinzaine d'entre eux proviennent de pays en voie de développement, qui sont en général dépourvus de tout spécialiste du dossier climatique dans son ensemble.

En pratique, ce sont donc une quinzaine de personnes tout au plus qui maîtrisent complètement le GIEC, mais en fait moins encore. La base active du bureau est constituée d'un « cercle directeur » de quelques 3 ou 4 personnes qui exerce un contrôle total sur toutes les activités de l'organisme et notamment sur l'ensemble des travaux conduits par les différents groupes de travail, que ceux-ci soient permanents ou occasionnels. Chacun des membres de ce cercle restreint est affecté à l'un des trois groupes de travail permanents : groupe I, groupe II et groupe III, dont il chapeaute en permanence les travaux.

Enfin et surtout, ce « cercle directeur », et en tout premier lieu son président dont le rôle s'avère déterminant, possède la maîtrise complète de la communication de l'organisme.

Depuis sa création en 1988, le GIEC n'a d'ailleurs eu que quatre présidents, présentant tous la caractéristique d'être d'absolus croyants au dogme de l'influence de l'homme sur le climat, leur prosélytisme les entraînant régulièrement aux plus grands excès.

À Bert Bolin, qui occupa la fonction pendant neuf ans, de 1988 à 1997, succéda un Anglais, le Dr Robert Watson jusqu'en 2002, puis l'Indien Rajendra Pachauri qui, malgré le feu des critiques, se maintint encore à son siège jusqu'en 2015 alors qu'il n'était en rien climatologue. Élu chaque fois pour six ans, le Président était inamovible entre deux élections. Actuellement, il s'agit de l'économiste coréen Hoesung Lee, beaucoup plus discret que ses prédécesseurs.

S'agissant des pays en voie de développement, l'attribution des sièges au sein du bureau obéit à une rotation entre pays. Quant aux pays développés, seuls quelques-uns ont droit *de facto* à des sièges quasi permanents d'un bureau à l'autre. Parmi ceux-ci a figuré un Français, Jean Jouzel, glaciologue – et non climatologue – réputé. Sa position au sein du bureau du GIEC lui a valu de coprésider dans notre pays le Grenelle de l'environnement qui fut une catastrophe en nous engageant sur la voie de dépenses inutiles et d'une ampleur insoupçonnée dans l'illusion de « sauver la planète ».

Plus de trente ans après la création du GIEC, le verrouillage mis en place par Bert Bolin fonctionne toujours. Encore aujourd'hui, les membres du bureau, et plus spécifiquement ceux de son cercle directeur, ont en commun une vision négative de l'Homme et la conviction viscéralement ancrée que le réchauffement climatique lui est dû, et qu'il représente une menace de catastrophe planétaire qui demande des réactions fortes et rapides de la part des gouvernements du monde dans le but de réduire puis de supprimer les émissions mondiales de CO_2, dont on a vu qu'il s'agissait d'une utopie. S'ils n'avaient pas partagé cette conviction, ils n'auraient eu aucune chance d'y être admis.

Bien entendu, cet ostracisme n'existe pas officiellement et est farouchement nié. Mais il suffit de voir le parcours des principaux membres du bureau et de connaître leurs prises de position pour que tout doute soit levé : le bureau est parfaitement verrouillé et il n'y a pratiquement aucune chance qu'un « climatosceptique » puisse en faire partie. Et quand bien même cela arriverait, que pourrait faire un membre isolé contre 29 tenants des thèses officielles ?

Il est d'ailleurs logique qu'il en soit ainsi, puisque Bert Bolin avait veillé à ce que le GIEC soit doté de principes directeurs ne laissant aucune place au doute quant à l'existence d'un impact humain sur le climat. Ses statuts fondateurs stipulent en effet que le GIEC a pour mission de « *rechercher les bases scientifiques du changement climatique imputable aux activités humaines…* », et non pas de chercher à savoir si ces activités ont une influence sur le climat. Ceux qui douteraient de l'influence de l'homme sur le climat n'auraient donc pas leur place au sein du bureau du GIEC.

Mais un constat surprenant s'impose alors. À l'époque du rapport SRREN encore plus qu'aujourd'hui, aucun des membres du bureau qui dirigeait le GIEC n'était climatologue. Son président lui-même Rajendra Pachauri était ingénieur en chemin de fer. Comment ont-ils fait alors pour choisir entre les véritables climatologues qui leur affirmaient sur la foi de modèles informatiques que l'homme était responsable des changements du climat, et ceux qui soutenaient que rien n'est prouvé ? N'ayant pas eux-mêmes de compétence dans le domaine extrêmement complexe des phénomènes qui régissent l'évolution incessante du climat, ils s'en sont remis à leur intime conviction. On est ainsi sorti du domaine de la science pour entrer dans celui de la croyance, pour ne pas dire de la foi, et on y est toujours en 2021.

Les différents rapports du GIEC n'ont pourtant rien eu d'un long fleuve tranquille.

Le premier rapport (1990)

Alors que le GIEC venait juste d'être créé à la fin de l'année 1988, il s'agissait de préparer dans l'urgence le Sommet de Rio qui allait prendre place en 1992.

Pour présider aux travaux du groupe 1, de loin le plus important car chargé d'évaluer l'influence éventuelle des actions humaines sur le climat et surtout d'en déduire des prévisions quant à l'évolution de celui-ci, Bert Bolin désigna une recrue de choix. Il fit appel à John Houghton, le directeur de l'organisme en charge de la météorologie britannique, le MET.

John Houghton s'était précédemment illustré dans un autre domaine par sa vision systématiquement négative des conséquences des activités humaines. Il venait de présider une commission royale sur la pollution de l'air au cours de laquelle il s'était notamment illustré par son refus de recevoir les constructeurs automobiles. Ceux-ci voulaient lui expliquer que, quelques années plus tard, les émissions des polluants locaux émis par les véhicules (oxydes d'azote, plomb, particules, oxydes de soufre) allaient pratiquement disparaître du fait des progrès techniques en cours pour les carburants et les moteurs. C'est effectivement ce qui s'est passé, de telle sorte qu'à Londres comme ailleurs dans le monde occidental, la qualité de l'air a fait des progrès fulgurants depuis 30 ans et que le *smog* omniprésent dans les romans de Charles Dickens a désormais disparu à jamais de la capitale britannique. Si les usines, les chauffages et les véhicules étaient destinés à être dépollués, la pollution n'allait évidemment pas s'accroître…

Mais John Houghton n'en avait cure. Et il conclut son rapport sur la pollution de l'air en Grande-Bretagne par des prévisions apocalyptiques annonçant la multiplication inéluctable des crises d'asthme et d'autres maladies respiratoires imputables à la circulation routière. Compte tenu de sa vision du monde, lorsque le dossier du changement climatique vint sur le devant de la scène, John Houghton fut trop heureux de s'en emparer. Il devint alors l'un des prophètes les plus ardents de l'apocalypse.

Avec de telles dispositions d'esprit, le choix de Bert Bolin en faveur de John Houghton pour la présidence du groupe 1 se révéla excellent pour la cause qui était la sienne, car beaucoup des participants aux premiers travaux du groupe affichaient un grand scepticisme quant à l'éventuelle responsabilité des activités humaines envers les changements du climat.

C'est ainsi que le rapport initial préparé en 1989 par les experts consultés contenait l'affirmation suivante : « *Un réchauffement plus important que celui qui est actuellement en cours s'est certainement produit au moins une fois depuis la fin de la dernière glaciation, sans qu'il y ait eu d'accroissement notable des gaz à effet de serre. Parce que nous ne comprenons pas les causes de ces événements passés, il n'est pas encore possible d'attribuer à l'accroissement de la teneur des gaz à effet en serre une proportion spécifique du réchauffement actuel, qui est de surcroît plus modeste.* »

Mais comme on l'a vu, le GIEC n'est pas un organisme scientifique, mais politique, et les documents qu'il publie ne sont nullement tenus de suivre le point de vue des scientifiques qui participent à ses travaux, contrairement à ce qu'incite à croire son intitulé. John Houghton reprit donc les choses en main et se chargea personnellement de rédiger pour le Sommet de Rio le seul document qui compte, le résumé à l'intention des décideurs (*summary for policy makers*) destiné aux dirigeants du monde entier et aux médias.

Et il fit en sorte que ce résumé des travaux du groupe 1 dise exactement le contraire de ce qu'avaient exprimé les experts. Il y écrivit que le GIEC était *certain* que l'effet de serre était accru par les activités humaines, et que plus de la moitié de cet accroissement était imputable au seul CO_2. Il ajouta qu'il fallait en conséquence procéder à une réduction immédiate des émissions d'origine humaine de plus de 60 % pour stabiliser les concentrations dans l'atmosphère.

C'est ainsi que le premier résumé à l'intention des décideurs du GIEC affirma sans trace d'hésitation et sans le début d'une preuve que « *sur la base des modèles informatiques existants, la température terrestre allait s'accroître de deux à cinq dixièmes de degré par décennie, soit de deux à cinq degrés par siècle* ».

La référence de John Houghton aux « *modèles informatiques* » mérite qu'on s'y arrête, car c'est sur eux, et sur eux seulement, que s'appuie depuis cette époque toute la théorie du réchauffement climatique. Or, le climat est la résultante de phénomènes extrêmement complexes et encore très mal connus.

Il ne faut donc pas s'étonner de la surprise devant les affirmations péremptoires de ce « résumé à l'intention des décideurs » manifestée par Richard Lindzen, dont on a vu qu'il était titulaire de la prestigieuse chaire de climatologie du Massachusetts Institute of Technology (MIT) et l'un des rares véritables experts du climat. Celui-ci tint à mettre publiquement les choses au point et fit valoir que les modèles informatiques utilisés ne pouvaient en aucune manière rendre compte de la complexité des mouvements atmosphériques et des interactions entre ceux-ci et de multiples facteurs. En se focalisant presque uniquement sur le CO_2, ces modèles oubliaient tout simplement le rôle joué par le plus important des gaz à effet de serre, c'est-à-dire par la vapeur d'eau qui en constitue l'essentiel. Ils ignoraient également un phénomène fondamental. Le réchauffement de la mer a pour effet d'accroître l'évaporation de vapeur d'eau et de créer des nuages qui limitent en retour l'impact du rayonnement solaire par un phénomène d'autorégulation. Richard Lindzen fit également remarquer que si les affirmations de John Houghton avaient été exactes, le climat aurait dû se réchauffer de 1940 à 1975 puisque la teneur de l'atmosphère en CO_2 s'était accrue, alors qu'il s'était au contraire refroidi pendant 35 ans ! Comment pouvait-on alors faire confiance à de tels « modèles informatiques » ?

Il résuma ainsi la situation : « *Il apparaît que ces modèles sont plus en accord les uns avec les autres qu'avec la réalité, et qu'une telle approche n'est guère prometteuse.* » Enfin, avec d'autres, Richard Lindzen s'étonna de l'insistance des auteurs du rapport à affirmer que celui-ci bénéficiait « d'un consensus scientifique », alors que la climatologie était un domaine encore très méconnu et qu'existaient de multiples voix discordantes.

Mais ces protestations n'infléchirent en rien Bert Bolin et John Houghton qui campèrent sur leurs positions comme le firent beaucoup de ceux qui se sont emparés du dossier du changement climatique depuis plus de 30 ans et qui fondent leurs convictions non pas sur des bases scientifiques, mais parce qu'ils y trouvent une confirmation de leur propre vision négative du monde et de l'humanité.

Les réfutations de Richard Lindzen n'eurent aucun effet. Émis au nom du GIEC, et censé représenter un « consensus scientifique », c'est le résumé à l'intention des décideurs rédigé par John Houghton qui servit de base au Sommet de Rio.

Le deuxième rapport (1995)

Le même travestissement de la réalité se répéta, pratiquement à l'identique, lors du deuxième rapport du GIEC en 1995.

Il s'en est pourtant fallu de peu pour que la vérité éclate, comme en témoignent les événements qui ont précédé le second rapport. Les responsables du GIEC ont en effet eu très peur lorsqu'ils ont découvert le contenu du chapitre 8 du même groupe 1. En toute candeur, les experts qui avaient travaillé sur le sujet avaient à nouveau fait part de leurs doutes, écrivant notamment : « *Aucune des études citées ci-dessus n'a clairement montré qu'il était possible d'attribuer le changement climatique constaté à un accroissement des concentrations de gaz à effet de serre d'origine humaine. Toutes les affirmations de cette nature doivent rester soumises à controverse jusqu'à ce que soient levées les incertitudes relatives à la variabilité naturelle du système climatique. Quand un éventuel effet des activités humaines sur le climat pourra-t-il être identifié ? La meilleure réponse à cette question est : "Nous n'en savons rien."* »

Le contenu de ce chapitre était catastrophique pour les tenants des thèses officielles, d'autant plus qu'il avait été audité par d'autres experts extérieurs de renom qui l'avaient avalisé.

Face à une telle situation, il fallait réagir à tout prix, et ce soin fut confié par John Houghton, en accord avec Bert Bolin, à l'auteur principal en charge du chapitre, un dénommé Benjamin D. Santer, soigneusement choisi pour ses convictions écologistes sans faille. Celui-ci venait en effet de l'East Anglia University qui devait faire parler d'elle beaucoup plus tard en étant impliqué dans un échange de mails qui ferait sensation, le *climategate*.

Benjamin D. Santer n'hésita pas. Il fit tout d'abord insérer au sein du seul document destiné à être lu à l'extérieur, le résumé à l'intention des décideurs du rapport d'ensemble, la phrase capitale suivante : « *L'évidence suggère qu'il y a une influence humaine visible de l'homme sur le climat de la planète* », ce qui était donc en complète contradiction avec ce qu'avaient écrit les auteurs du rapport du groupe 1. Et il fit tout simplement supprimer de celui-ci les phrases gênantes, à la stupeur de ceux qui avaient préparé le document, et des auditeurs externes qui l'avaient formellement approuvé.

Parmi ceux-ci se trouvait Frederick Seitz, l'un des scientifiques les plus respectés des États-Unis, ancien président de l'Académie nationale des sciences, qui rendit publique son indignation dans un article publié par le *Wall Street Journal* du 12 juin 1996 : « *Le rapport dont il est question a été professionnellement audité. Cela veut dire qu'il a été lu, discuté, modifié et approuvé par un ensemble d'experts internationaux. Ces scientifiques ont mis ainsi leur réputation en jeu. Mais ce qui a été rendu public n'est pas la version approuvée par les multiples scientifiques dont le nom figure pourtant sur la page de titre, mais un texte entièrement différent ! Plus de 15 passages du chapitre 8 ont été supprimés ou altérés. Au cours de mes 60 ans de carrière au sein de la communauté scientifique américaine, y compris en tant que président de l'Académie nationale des sciences et président de l'Académie américaine de physique, je n'ai jamais vu de corruption aussi bouleversante que le processus qui a conduit à la publication de ce rapport du GIEC.* »

Benjamin D. Santer eut beau jeu de répondre que le GIEC n'était pas un organisme scientifique mais politique, qu'il devait donc tenir compte du point de vue des gouvernements qui le composaient, et n'était pas tenu de suivre les procédures en vigueur dans les organismes scientifiques, et que ce qui s'était passé correspondait donc au fonctionnement normal de l'organisme ! Il n'était pas possible d'être plus clair : le principe même d'un tel organisme est éminemment pervers.

On comprend que Frederick Seitz ait alors ajouté : « *Si le GIEC est incapable de suivre les procédures scientifiques élémentaires, il faudrait mieux qu'il disparaisse.* »

Le troisième rapport (2001)

Le troisième rapport fut l'occasion d'un scandale encore plus grand et qui continue toujours à défrayer la chronique. Il s'agit de la publication en page de garde du document d'une courbe dite *hockey cross*, censée représenter l'évolution du climat terrestre depuis l'an 1 000.

Bien entendu, le GIEC connaît parfaitement cette évolution confirmée par des dizaines d'études concordantes et il avait publié à juste titre en 1990 en tête de son premier rapport la courbe de variation de la température terrestre au cours du dernier millénaire qui recueille l'accord de tous les scientifiques et est confirmée par une centaine d'études distinctes qui mettent en évidence une période chaude aux alentours de l'an 1000, dite *optimum médiéval*, suivie d'un refroidissement marqué après 1300, intitulé *petit âge glaciaire*.

Mais cette courbe présentait un inconvénient majeur aux yeux de ceux qui voulaient démontrer que c'était l'activité humaine qui déterminait le climat et non la nature. Il était évidemment impossible d'attribuer aux hommes le réchauffement survenu aux alentours de l'an 1 000. Les responsables du GIEC cherchèrent alors, selon l'expression de l'un d'entre eux, « *comment se débarrasser de l'optimum médiéval* »

Après de longues recherches, ils trouvèrent une étude, élaborée par un jeune physicien, partisan déterminé de leur point de vue, qui répondait au nom de Michael Mann. Cette étude analysait, non pas l'évolution de la température, mais la croissance des anneaux d'une espèce d'arbres de l'Ouest américain, qui ne mettait pas en évidence de variation particulière aux alentours de l'an 1000, mais paraissait montrer en revanche une accélération soudaine depuis une cinquantaine d'années. Il n'y avait là rien d'étonnant puisque la croissance des arbres dépend beaucoup plus de la teneur en gaz carbonique de l'atmosphère que de la température.

Les responsables du GIEC firent semblant de ne pas le savoir et publièrent alors en tête de leur troisième rapport une courbe de la variation supposée de la température terrestre depuis 1 000 ans, uniquement fondée sur cette seule étude et où ne figurait plus l'optimum médiéval ! Contre toute décence, ils osèrent affirmer qu'il n'y avait pas eu de réchauffement aux alentours de l'an 1000, ni de petit âge glaciaire ensuite ! Cette courbe de l'évolution supposée de la température terrestre mettait au contraire en évidence un réchauffement brutal depuis 50 ans, en plein accord avec la vision de l'influence de l'homme sur le climat.

Cette *hockey cross* – du fait de sa forme évoquant une crosse de hockey – montre jusqu'où peut aller l'idéologie. Elle fut immédiatement qualifiée par tous les scientifiques sérieux de « *courbe de la honte* ». Ce faisant, le GIEC contredisait d'ailleurs entièrement la courbe, exacte quant à elle, qu'il avait publiée dans son premier rapport.

La nouvelle courbe entraîna deux conséquences. Elle servit tout d'abord d'argument majeur aux partisans de la thèse officielle, celle qui prônait la responsabilité de l'humanité dans l'évolution du climat, ce qui était l'objectif recherché. Elle fut surtout l'élément central du film d'Al Gore « *Une vérité qui dérange* » qui lui valut le Nobel de la Paix.

Mais elle suscita aussi des réactions scandalisées de la part de multiples scientifiques honnêtes. Comment un organisme parlant au nom des Nations unies pouvait-il mentir au point de travestir si grossièrement la vérité et de publier une courbe invraisemblable ? Tout au plus, peut-on constater que le quatrième rapport du GIEC, publié en 2007, n'a pas osé la reproduire tant le mensonge était énorme.

Mais ce ne fut pourtant pas là la plus grande perversion du rapport de 2001. Ce fut la publication du graphique des 245 scénarios reproduit dans la figure 7 de ce livre dont un seul fut mis en exergue par le GIEC, qui ancra définitivement dans l'opinion mondiale sans la moindre preuve la conviction que notre planète se dirigeait inéluctablement vers un réchauffement catastrophique pouvant approcher 6 degrés, nouvelle forfaiture sans guère d'équivalent dans l'Histoire.

Le quatrième rapport (2007)

Rendu public en 2007, le quatrième rapport, pas plus que les autres, ne fut exempt de controverses. Pourtant, les travaux du GIEC avaient désormais atteint une reconnaissance pratiquement universelle, et plus personne ou presque n'osait les contester. L'action conduite à l'initiative de Maurice Strong, de Bert Bolin, et de James Hansen avait porté ses fruits. Les hommes politiques du monde entier se lancèrent alors dans une véritable surenchère.

Le 1er février 2007, Jacques Chirac déclarait ainsi à Paris : « Confrontés à cette urgence, le temps n'est plus aux demi-mesures. Le moment est venu d'une révolution, dans le vrai sens du terme, car nous sommes au seuil de l'irréversible... » Il suivait en cela Tony Blair qui avait affirmé pour sa part : « Le désastre ne va pas arriver dans un avenir lointain de science-fiction. Si nous n'agissons pas immédiatement, les conséquences seront désastreuses et irréversibles. » Gro Harlem Brundtland, devenue entre-temps directrice générale de l'Organisation mondiale de la santé, retrouvait les accents prophétiques de son rapport de 1987 : « Il serait irresponsable, scandaleux et profondément amoral de mettre en doute la gravité de la situation. Le temps du diagnostic est terminé. C'est maintenant qu'il faut agir. ». Tous les chefs d'État et de gouvernement tinrent à peu près le même langage, et les citations pourraient être multipliées sans fin.

C'est que le résumé à l'intention des décideurs du quatrième rapport commençait par la phrase usuelle : « *Le réchauffement du système climatique est sans équivoque comme le mettent en évidence l'accroissement de la température de l'air et des océans, la fonte accélérée de la neige et des glaces et l'élévation du niveau de la mer.* »

Tout aurait donc été dans le meilleur des mondes s'il ne s'était passé depuis le précédent rapport un événement tout à fait inattendu : la température de la Terre avait cessé de s'accroître depuis l'an 2000 et s'était engagée dans une nouvelle phase d'évolution : elle s'était pratiquement stabilisée et il s'avéra plus tard que cette stabilisation allait durer 15 ans.

Bien que le GIEC l'ait passé sous silence, le phénomène n'était pas contestable du fait des observations convergentes des quatre satellites consacrés à l'observation de la température terrestre qui sillonnent le ciel depuis 1979 et dont les constats demeuraient sans appel.

Mais, plus qu'à la réalité, le GIEC continuait obstinément à faire confiance à ses modèles informatiques, presque exclusivement corrélés avec la concentration de CO_2 dans l'atmosphère qui continuait quant à elle à croître avec une grande régularité du fait notamment du développement chinois. C'est ainsi que l'Office météorologique britannique, le MET, n'avait pas hésité, une fois de plus, à prédire au début de 1999 que l'année en cours serait sans doute la plus chaude jamais enregistrée. Elle fut en réalité plus froide d'un degré que la précédente. Ce fut une année « La Nina » typique.

Pourtant, un nombre sans cesse croissant de scientifiques commençait à mettre sérieusement en doute le point de vue officiel et à émettre des hypothèses troublantes, parlant notamment de l'influence possible du soleil d'une part, et de celle des nuages d'autre part.

Le soleil et les nuages

La vie du soleil connaît en effet des fluctuations marquées comme en témoignent les « taches » qui apparaissent et disparaissent de sa surface, provoquées par des éruptions liées à son activité. L'astre traverse alternativement des périodes où ces taches sont très nombreuses, et d'autres où elles disparaissent presque entièrement, et ces cycles ont fait l'objet de relevés précis à partir du XVIe siècle et sont bien connus.

Il revint à deux scientifiques du XIXe siècle, Gustav Sporer et Edward Maunder, de remarquer qu'au cours de la période la plus froide du petit âge glaciaire, de 1645 à 1715, le soleil avait connu une activité exceptionnellement faible avec au total une cinquantaine de tâches seulement, au lieu des milliers habituelles. Cette période, qui a coïncidé en France avec le règne de Louis XIV qui connut des froids et des famines catastrophiques est d'ailleurs connue des spécialistes sous le nom de Minimum de Maunder.

En 1991, ce furent cette fois-ci deux scientifiques danois, Knud Lassen et Eigil Friis-Christensen, qui mirent en évidence, pour le XXe siècle, une corrélation frappante entre les fluctuations de l'activité solaire et les variations de la température terrestre moyenne.

Le dossier n'est donc pas clos. S'agissant de la Terre, une autre hypothèse aujourd'hui avancée pour expliquer le constat de la stabilisation de la température pendant 15 ans tient au rôle joué dans la formation des nuages par les rayons cosmiques émis par le soleil. Plus ceux-ci sont nombreux, plus les nuages sont précoces et abondants. Les nuages constituent en effet un autre facteur majeur d'explication possible des fluctuations de la température terrestre, lui aussi ignoré par les modèles informatiques du GIEC.

Il faut ainsi avouer que l'on sait encore peu de choses sur les phénomènes qui se produisent au sein de l'atmosphère terrestre. Force est de reconnaître qu'il y a encore beaucoup à faire pour qu'on les comprenne pleinement. Une seule chose est sûre : faute de le savoir, les modèles informatiques actuels ne peuvent pas prendre en compte correctement ce qui se passe au sein de l'atmosphère terrestre et en particulier le rôle des nuages qui est peut-être essentiel pour expliquer les fluctuations du climat, sans parler de celui des cycles solaires.

Bien entendu, il serait inutile de chercher dans le « résumé à l'intention des décideurs » de 2007 ou plus tard dans celui de 2014 la moindre allusion à ces interrogations et à ces incertitudes. Comme leurs prédécesseurs, ceux-ci n'ont laissé aucune place au doute.

La mainmise des ONG

C'est que le verrouillage ne se situe pas seulement au niveau du GIEC (IPCC) mais aussi à celui des Nations-Unies elles-mêmes, et en particulier de son Ministère de l'Écologie, le Programme des Nations-Unies pour l'Environnement (PNUE – UNEP) dont le

GIEC est une filiale. Il suffit pour s'en convaincre de connaître le parcours de celui qui en a été le Directeur de 2006 à 2016 avant d'être promu à la tête d'un autre département capital des Nations-Unie où il conserve une influence déterminante auprès des Secrétaires Généraux successifs de l'ONU dont il est le Conseiller direct, désormais en tant que directeur du Programme des Nations-Unies pour le Développement (PNUD-UNDP).

Poursuivant une tradition établie dès la création de l'UNEP par Maurice Strong en 1972, Achim Steiner est un pur produit du monde des ONG écologistes, puisqu'il avait été précédemment le Directeur Général de l'*Union Internationale pour la Conservation de la Nature*. Basée en Suisse, cette puissance organisation ne regroupe pas moins d'un millier d'autres ONG, et compte plus de 1 000 employés dans le monde... Il ne faut donc pas s'étonner de la vision du monde profondément négative ancrée chez Achim Steiner, dont la formation couvre les champs de la philosophie, des sciences politiques, et de l'économie, mais aucunement de la climatologie.

Cette vision est claire. L'Homme est un prédateur : depuis l'avènement de l'ère industrielle il détruit, il pollue, il déforeste, et l''économie de marché tourne au désastre. Il est donc nécessairement responsable des changements du climat, et le CO_2 qu'il émet menace dramatiquement la planète.

Peu importe que l'espérance de vie humaine soit passée en deux siècles de 27 à 73 ans. Peu importe que deux enfants sur trois n'aient plus à être mis en terre par leurs parents. Peu importe que la faim ait pratiquement disparu hors zones de guerres du fait d'une production agricole démultipliée. Peu importe que des pans entiers de l'humanité émergent progressivement de la pauvreté et connaissent un sort dont n'auraient pas rêvé leurs ancêtres. Peu importe que la démographie soit désormais maîtrisée, et parfois à l'excès, à l'exception de l'Afrique subsaharienne. Peu importent les faits.

Peu importe tout cela aux yeux d'Achim Steiner et de la multitude de ceux qui partagent les mêmes convictions. Ce qui compte, c'est la nature, c'est la flore et la faune qui peuplent la planète, à une exception très toutefois. Car ceux qui partagent la même perception du monde ignorent l'existence d'une espèce, la nôtre, qui n'entre pas dans leur champ de vision. Manifestement, les progrès dont a bénéficié l'humanité grâce en très large part aux énergies fossiles depuis l'avènement de l'ère industrielle et qui se poursuivent de nos jours sont inconnus d'Achim Steiner. Doté d'un grand pouvoir de persuasion, c'est lui qui a convaincu successivement Ban Ki Moon puis Antonio Guterres de faire leurs les thèses dénuées de fondement qu'ils ne cessent de défendre et qui jettent une lumière toujours plus sombre sur l'avenir de la planète et de l'humanité, notamment lorsqu'ils supplient celle-ci de réduire ses émissions de CO_2 alors qu'elles ne peuvent que s'accroître.

Et c'est le même personnage qui, alors à la tête du Programme des Nations-Unies pour l'Environnement (PNUE-UNEP), la maison mère du GIEC, a couvert en 2011 en liaison étroite avec ses deux compatriotes Sven Teske et Ottman Edenhofer la forfaiture fondatrice qui a affirmé que les énergies renouvelables pourraient répondre dès 2050 à 80 % des besoins énergétiques de l'humanité alors que la proportion véritable n'excède pas 10 %.

Et, pour que la continuité soit assurée, c'est à nouveau un ancien responsable suprême de la même ONG l'*Union Internationale pour la Conservation de la Nature*, en l'occurrence la Danoise Inger Andersen qui dirige en 2021 le PNUE-UNEP, autrement dit le Ministère de l'Environnement des Nations-Unies.

Près d'un demi-siècle plus tard, la prise de pouvoir des ONG au sein des Nations-Unies voulue par Maurice Strong se poursuit ainsi imperturbablement jusqu'à ce jour, et continue à mener le monde sur une voie délétère conforme à sa vision négative de l'Homme et contraire à l'intérêt de l'humanité et des êtres qui la composent.

CONCLUSION ET RÉSUMÉ

Stupeur et incrédulité

Tels sont sans doute les deux mots venus à l'esprit des lecteurs de ce livre dès qu'ils en ont parcouru les premières pages.

Ainsi, l'on sait que les émissions mondiales de CO_2 vont inéluctablement continuer à s'accroître au cours des décennies à venir du fait des projets de la Chine, de l'Inde et plus généralement des pays en développement qui les ont officiellement communiqués aux Nations-Unies. Et pourtant ces dernières, suivies par la totalité des instances internationales, fixent à la communauté mondiale l'objectif impérieux de les supprimer d'ici 2050, impliquant donc que celui-ci relève du domaine du possible.

Ainsi les pays développés, et notamment l'Union Européenne, déclarent-ils avec enthousiasme qu'ils vont eux-mêmes mettre fin à leurs propres émissions de CO_2 grâce aux énergies renouvelables et mettre en œuvre, en passant par l'hydrogène, une utopique « transition énergétique », alors que l'Allemagne, après avoir déjà dépensé 200 milliards de dollars en leur faveur ne couvre avec celles-ci que 8 % de ses besoins en énergie et ne peut pratiquement aller guère plus loin. Quoiqu'elle en dise, il lui faudra donc, comme pour tous les autres pays du monde, continuer à avoir recours pour l'essentiel de ses besoins en énergie aux hydrocarbures fossiles que sont le pétrole, le gaz naturel et le charbon, dont la combustion engendre nécessairement du CO_2.

Ainsi, malgré cette réalité, les pays développés, au premier rang desquels ceux de l'Union Européenne, persistent-ils à gaspiller des milliers de milliards d'euros et de dollars pour réduire leurs émissions de CO_2 dans l'illusion que cette réduction puisse avoir une quelconque influence significative sur la masse de celui-ci présente dans l'atmosphère alors que les ordres de grandeurs ne le permettent pas.

Ainsi, le monde vit sur la fiction qu'il serait possible de se passer des hydrocarbures fossiles qui fournissent aujourd'hui à l'humanité l'essentiel de l'énergie indispensable à la prospérité des pays développés et à la sortie de la misère de ceux qui sont encore en développement. Or toutes les projections faites sur la base des projets des différents pays montrent qu'il en sera encore ainsi au cours des décennies à venir.

En bref, comment peut-on en même temps constater que les émissions de CO_2 vont inéluctablement s'accroître au cours des décennies à venir car on ne peut se passer de pétrole, de gaz naturel et de charbon, et en même temps affirmer qu'il serait possible de supprimer celles-ci qui résultent de leur usage ? Comment a-t-il été possible à toutes les instances représentatives de l'humanité de devenir schizophrènes et d'avaliser un tel déni de réalité ?

Et comment peut-on affirmer que la planète se dirige vers un réchauffement catastrophique alors qu'il n'en existe pas la moindre preuve, si ce n'est parce nos responsables ont été aveuglés par les tenants d'une idéologie qui a pris depuis un demi-siècle le pouvoir jusqu'au sein de la plus haute institution de l'humanité, celle des Nations-Unies ?

C'est que, pour les plus ardents de ses adeptes, l'écologie a quitté le domaine des faits et des chiffres pour celui de la religion.

Au travers des âges, il y a toujours eu des hommes et des femmes persuadés que l'Homme était mauvais par nature et qu'ils avaient personnellement vocation à lutter pour le remettre dans le droit chemin. Et le rejet dans l'atmosphère du CO_2 résultant du recours par l'humanité aux hydrocarbures leur a fourni la « preuve » qu'ils attendaient depuis longtemps. La nature de l'homme étant mauvaise, cette conséquence de ses activités ne pouvait que l'être également, et le CO_2 nous mener à la catastrophe. Un examen impartial des choses ne conduit en rien à la même conclusion, mais peu importe aux yeux de ceux qui n'en ont cure et entraînent à leur suite la masse de ceux qui leur font confiance.

Il faut ajouter, s'agissant du domaine de l'écologie, qu'il est difficile de se faire par soi-même une opinion sans disposer d'un minimum de savoirs scientifiques. Or, à cet égard les adeptes de la nouvelle religion relèvent de deux ensembles distincts.

La plupart d'entre eux n'ont pas les connaissances de base qui leur permettraient d'avoir un jugement autonome, comme c'est le cas de l'immense majorité de la population. Beaucoup confondent allègrement kilowatts et kilowatt/heures, CO et CO_2, ou pollution locale et effet de serre. Pourtant, au lieu de se contenter de prendre acte avec prudence des informations qu'ils reçoivent parmi d'autres, ils en font leur cause personnelle, devenant des militants déterminés à « sauver la planète ». Ce n'est pas sans étonnement que l'on voit ainsi des acteurs, des journalistes, des responsables politiques sans la moindre formation scientifique afficher des certitudes sur un sujet aussi complexe que l'évolution du climat du globe.

Toutefois, parmi les prophètes de la religion nouvelle, ce ne sont pas ceux qui sont dépourvus de formation scientifique qui sont toujours les plus dangereux, car ils ne font que répéter les affirmations énoncées par d'autres qui, auréolés des diplômes parfois les plus prestigieux, apportent sans réserve leur caution aux thèses écologistes en vigueur. Ce serait là une surprise si le Polytechnicien Auguste Detoeuf, l'une des références les plus perspicaces qui soient, n'avait mis en garde ses lecteurs il y a près d'un siècle par un envoi resté célèbre :

– *Logique et bon sens ; un chef*
– *Bon sens sans logique ; un employé*
– *Logique sans bon sens : une catastrophe*

Intelligence et bon sens n'ont en effet rien à voir, et sont parfois antinomiques. Certes, il ne s'agit pas là du cas général. La France forme ainsi chaque année 30 000 ingénieurs, et la plupart raisonnent sainement. Mais il suffit qu'un ou deux pour cent d'entre eux relèvent de la troisième catégorie d'Auguste Detoeuf pour que des centaines d'entre eux, aveuglés par leurs intimes convictions, oublient entièrement le rationalisme de leur formation et deviennent d'ardents militants des causes les plus infondées.

Et ce sont alors eux qui ont le plus grand pouvoir de conviction, car ils appliquent des raisonnements logiques à des prémisses erronées, et ils ne connaissent pas les doutes qui sont le propre des véritables scientifiques. Lorsqu'ils sont confrontés à ces derniers, ils l'emportent par la référence à leur formation et par leur certitude d'agir pour une cause juste et vitale. Face à eux, ceux qui ont le doute cartésien n'ont aucune chance.

Ils facilitent alors la prise de pouvoir au sein des multiples organismes qui se penchent aujourd'hui sur l'écologie, où ils affirment que *« la science a parlé »*, passant sous silence la voix des milliers de scientifiques qui contestent leur point de vue. Et ils l'emportent aux yeux des hauts responsables qui, ne disposant pas eux-mêmes des bases scientifiques qui leur permettraient de se faire leur propre jugement, ou n'ayant simplement pas de temps à y consacrer, se satisfont de suivre les opinions dominantes, d'autant plus qu'elles émanent d'organismes officiels qui affirment porter la voix de la science et dont ils ne peuvent imaginer un instant qu'ils ne disent pas la vérité.

C'est ainsi que les dirigeants s'en remettent alors aux « experts » avec la certitude de voir se dégager un « consensus » sur lequel il leur sera possible de fonder leurs décisions. Or, c'est là méconnaître les fondements mêmes de l'histoire de la science. Celle-ci n'a jamais progressé que par la voie d'âpres débats qui ont opposé entre eux ceux qui étaient considérés comme les meilleurs « experts » de leur époque. Et, bien souvent, ce sont ceux qui exprimaient le « consensus » régnant qui se sont révélés avoir tort. C'est ainsi que Galilée eut raison contre la Curie romaine, Newton contre l'Académie royale des sciences française, Darwin contre les tenants de l'immuabilité des espèces, Pasteur contre l'Académie des sciences, Einstein contre le consensus scientifique préexistant, ou plus récemment Alfred Wegener contre les géologues unanimes qui niaient la dérive des continents.

Et que dire de l'Organisation Mondiale de la Santé qui a osé affirmer en mars 2020 que le port du masque pouvait être dangereux et ne devait pas être étendu au grand public, alors que tous les pays qui l'avaient mis en œuvre dès l'origine ont pour l'essentiel échappé à la pandémie du COVID-19 ! Le Japon a fait tout le contraire de ce que recommandait l'OMS et compté 10 fois moins de morts que nous.

Et que dire aussi du GIEC qui affirme qu'une hausse des océans de *3 millimètres par an* menace de submerger des régions entières alors que les vagues des tempêtes mesurent souvent 10 mètres de haut. Une telle « hausse » ne menace évidemment rien ni personne… Mais les millimètres sont allègrement et à dessein confondus avec les centimètres et les mètres, et c'est là, depuis un demi-siècle, l'une des causes de la peur régnante.

C'est pourtant ce genre de contrevérités qui règnent désormais dans le domaine de l'écologie, affirmant qu'il serait possible de se passer d'hydrocarbures à brève échéance et, grâce une utopique « transition écologique », d'atteindre une imaginaire « neutralité carbone » afin d'éviter un réchauffement du globe (dont il n'existe par ailleurs pas la moindre preuve qu'il serait différent des variations de température qui ont toujours existé dans le passé).

Si de telles convictions règnent sans partage, c'est que les adeptes de la doxa ambiante ont désormais pris le pouvoir au sein de tous les organismes internationaux et nationaux qui ont à traiter de près ou de loin du domaine de l'écologie et du climat. Il en est ainsi, non seulement de l'Organisation des Nations-Unies et de ses prolongements tels que le GIEC, l'Organisation Météorologique Mondiale (OMM), l'Organisation Mondiale de la Santé (OMS) ou encore la FAO, mais aussi au sein d'une liste presque sans fin qui s'étend de la Banque Mondiale au Fonds Monétaire International, aux pays développés relevant de l'OCDE et au prolongement de celle-ci, l'Agence Internationale de l'Énergie.

Il est inutile de rappeler que le Directeur Général de cette dernière, lui-même prophète déterminé des thèses les plus alarmistes, va jusqu'à donner chaque année instruction formelle à ses collaborateurs de mentir et de publier sous l'intitulé trompeur de « développement durable » de fausses prévisions de chute des émissions de CO_2, alors que ces mêmes collaborateurs savent pertinemment que ces dernières vont nécessairement s'accroître au cours des décennies à venir.

Et il en va de même dans les différents pays au sein des structures nationales en charge de l'écologie, dont les postes de responsabilité politiques ou administratifs sont fiefs exclusifs de ceux qui sont convaincus que la planète court à sa perte du fait des activités humaines car, s'ils partageaient des opinions contraires, ils en seraient exclus. Ce sont ainsi des dizaines de milliers d'agents publics de par le monde qui œuvrent pour donner une image profondément négative de l'humanité et de son avenir, car c'est leur intime croyance et leur raison d'être. Dans leur logique, s'ils n'avaient pas raison, pourquoi d'ailleurs les payerait-on ? On ne compte plus en France les entités où ils officient.

En face il n'y a rien car le vide a été fait. Tous ceux qui ne partagent pas la doxa écologique officielle ont été depuis longtemps éliminés des organismes publics de décision et d'information, car, comme beaucoup de religions, celle-ci combat ceux qui ne partagent pas ses croyances, et parfois avec violence. N'ai-je pas été personnellement et violemment cité dans un grand quotidien, à côté de scientifiques parfaitement respectables, dans un article qui commençait par les mots terribles : « Avant l'avènement d'Hitler, on avait des excuses… »

Et il est difficile d'imaginer le degré de haine qui transparaît parfois du regard de ceux qui n'admettent pas que leurs croyances soient mises en cause par des contradicteurs. Il est heureux que l'époque ne soit plus celle de Lyssenko ou du Moyen-Âge, car le sort de ceux qui doutent de la foi officielle ne ferait pas de doute.

Faute d'arguments, ces derniers sont alors accusés d'être à la solde d'imaginaires lobbies. Ce n'est pas qu'il n'existe pas des lobbies actifs dans le domaine de l'écologie, mais ce ne sont pas ceux que l'on imagine.

Le véritable lobby est désormais celui des énergies renouvelables. Disposant de fonds illimités, conséquence des décisions publiques qui assurent leur existence, leurs membres sont omniprésents et remarquablement efficaces. N'est-ce pas, comme on l'a vu, l'un de leurs représentants qui a réussi à s'infiltrer parmi les « experts » du GIEC dans le cadre du rapport spécial SRREN sur les énergies renouvelables de 2011, et à rédiger l'incroyable communiqué de presse de celui-ci affirmant qu'il sera possible en 2050 que les énergies renouvelables répondent à 80 % des besoins en énergie de l'humanité ?

Après avoir obtenu une telle victoire, il ne faut pas s'étonner que le montant cumulé des investissements mondiaux en faveur de l'éolien et du solaire se soit envolé et avoisine aujourd'hui 3 000 milliards d'euros qui sont pour l'essentiel de purs gaspillages, et n'existent que grâce à des tarifs de vente de l'électricité fixée à des niveaux prohibitifs par les pouvoirs publics aux dépens des consommateurs dans l'illusion de contribuer à « sauver la planète ».

Et ce sont avant tout les pauvres qui souffrent de cette situation, soit qu'ils payent dans les pays développés leur électricité bien plus chère qu'elle ne devrait l'être, soit qu'ils en soient privés dans les pays en développement, avec tout ce que ceci implique de dramatique pour leurs conditions de vie.

Mais les conséquences de la doxa en vigueur ne sont pas seulement matérielles. Celle-ci engendre une vision du monde et de l'avenir d'un grand pessimisme.

De multiples indicateurs montrent pourtant que notre époque est bien préférable à de multiples égards à toutes celles qui l'ont précédée depuis la nuit des temps. C'est ainsi que la production agricole mondiale a quadruplé de 1960 à nos jours, la faim ayant disparu de la planète hors zones de guerre ou évènements exceptionnels. C'est ainsi qu'en dehors de la pandémie actuelle, la pauvreté n'a cessé de reculer dans le monde pour des milliards d'habitants, même s'il reste tant à faire. C'est ainsi que la proportion des jeunes scolarisés dans le monde est passée de 40 à 80 % entre 1960 et 2020, pendant que la mortalité infantile s'effondrait et que les parents n'avaient plus la douleur d'enterrer leurs enfants. C'est ainsi que ce sont bien souvent les habitants des pays en développement qui sont optimistes pour leur avenir, alors que l'Occident, et tout particulièrement la France, s'enfonce dans un noir pessimisme.

La perception que nous avons de l'avenir de la planète n'y est pas pour rien. Elle y joue le rôle catastrophiste central. Il faut citer à nouveau ici les délires d'Antonio Guterres, au nom de la plus haute autorité morale de la planète, celle des Nations-Unies : *« Ouvrons nos yeux à l'unanimité de la science* (la fausse science en l'occurrence), *car nous évoluons vers le fond de l'abîme… Si nous ne changeons pas nos modes de vie nous mettons en danger la vie elle-même… C'est la bataille de nos vies, et si nous ne laissons pas les combustibles fossiles dans le sous-sol, nous sommes perdus, etc… »*.

Comment notre jeunesse pourrait-elle être optimiste ?

o

o o

La question est donc urgente pour l'humanité de savoir comment sortir de cette période d'obscurantisme moyenâgeux, que nul n'aurait imaginer pouvoir exister à notre époque, ce qui conduit à envisager plusieurs hypothèses.

La première surviendra spontanément. Au début de 2021, et pour la première fois, il a été demandé aux Français de réduire si possible leur consommation d'électricité. Pourtant, la première vague de froid de l'année qui frappait alors la France était très modeste. Mais l'incompréhensible fermeture de la centrale de Fessenheim, alliée aux conséquences de la Covid sur la bonne marche des autres centrales nucléaires, et l'absence presque totale de production des éoliennes et des panneaux solaires qu'impliquait l'anticyclone régnant avaient mis en danger l'approvisionnement du réseau.

Il faut donc voir la réalité en face. En cas de grand froid, il n'est pas exclu qu'apparaissent bientôt en France ou en Europe des coupures de courant dont les conséquences seraient d'autant plus lourdes dans l'Hexagone que, contrairement aux autres pays européens, le nôtre a massivement misé sur le chauffage électrique et que beaucoup de citoyens aux revenus modestes devront réduire leur chauffage au-delà du raisonnable et grelotter, stupéfiant un retour en arrière pour un pays développé.

Mais c'est probablement l'Allemagne qui sera confrontée la première à la réalité, car la disparition programmée de ses dernières centrales nucléaires dès 2022, puis de celles qui fonctionnent au charbon ou au gaz naturel d'ici 2035 en vue d'obtenir une impossible « neutralité carbone » la mène à la catastrophe. Certes, le gaz naturel émet deux fois moins de CO_2 que le charbon à production égale, mais il exclut tout autant la « neutralité carbone ».

La seule question qui se pose alors concerne la date des premières coupures de courant qui obligeront nos voisins à reconnaître qu'il est impossible de compter sur les énergies intermittentes, et à faire volte-face en relançant leurs centrales à charbon ou à gaz naturel, et en abandonnant publiquement l'illusoire et néfaste « Energiewende ».

Sans doute ne faudra-t-il pas attendre très longtemps ! Dûe à d'autres causes, une première alerte est survenue au début de 2021, qui aurait pu gagner toute l'Europe du fait de l'interconnexion des réseaux électriques du Vieux Continent. Est-ce en 2021, 2022, ou 2023, que se produira la première grande panne électrique de l'Europe qui ouvrira alors les yeux du monde sur l'absurdité d'une politique qui repose sur les mensonges du GIEC qui a osé d'affirmer qu'il serait possible que les énergies renouvelables intermittentes répondent aux besoins énergétiques permanents de l'humanité ?

La deuxième hypothèse de sortie des non-sens actuels tient à une question. L'un des grands pays du monde ne pourrait-il sonner la fin de l'absurde recréation que connaît aujourd'hui le monde et dénoncer les inepties régnantes et leur coût exorbitant ?

Il ne faudrait pas croire en effet que tous soient dupes. La Russie et ou la Chine savent ainsi parfaitement ce qu'il en est, mais elles se taisent parce que c'est leur intérêt. Certes, Vladimir Poutine, dûment informé par l'Académie des Sciences russe dès 2004, sait parfaitement que la doxa écologique actuelle ne repose sur rien. Il ne voulait d'ailleurs pas adhérer au protocole de Kyoto qui a précédé « l'Accord de Paris », mais il n'a pas eu le choix car l'Union Européenne lui a fait savoir qu'en cas de maintien de cette position, celle-ci s'opposerait à ce que la Russie devienne membre de l'Organisation Mondiale du Commerce et il a dû céder.[1]

Quant à la Chine, elle est trop heureuse d'exporter aux quatre coins du monde, y compris en Europe, ses éoliennes et ses panneaux solaires qui sont en définitive payés par les consommateurs d'électricité des pays qui ont décidé de miser sur les énergies renouvelables. Mais l'Empire du Milieu a considérablement freiné leur implantation sur son sol national du fait de l'impossibilité de son réseau électrique d'accepter leur intermittence. Et elle se réjouit par ailleurs de voir disparaître ses concurrents étrangers pour la construction des centrales à charbon ou à gaz qu'elle s'empresse de financer partout en Asie ou en Afrique à leur place, puisque les banques occidentales s'y refusent désormais sur instruction formelle de leurs gouvernements et des grands organismes internationaux.

Quant aux pays occidentaux, il y a d'autant moins d'espoir à l'heure présente d'en voir un se dissocier des autres que le nouveau Président des États-Unis a fait de l'écologie l'un des arguments majeurs de sa campagne électorale, n'hésitant pas à pousser les choses jusqu'à l'absurde. N'a-t-il pas été jusqu'à déclarer qu'il voulait que les États-Unis renoncent au pétrole, ce qui lui a fait perdre le Texas lors de l'élection présidentielle ? Et il a déclaré réintégrer « l'Accord de Paris » de 2015 d'autant plus volontiers que celui-ci est un trompe l'œil qui n'engage à rien. Le plus grave pour son pays n'est pas là, mais dans le

---

1. Cf. Christian Gerondeau, *Le CO_2 est bon pour la planète*, Éd. L'Artilleur.

montant des sommes qu'il assure vouloir consacrer à l'écologie et notamment aux énergies renouvelables dans le cadre de ses mesures de soutien à l'économie.

Bien sûr, celles-ci n'empêcheront pas les Américains de continuer à acheter les voitures SUV grosses consommatrices d'essence dont ils raffolent, et l'économie américaine de continuer à reposer sur les camions qui n'en consomment pas moins. Cela n'empêchera pas non plus les cinquante États et les autres collectivités américaines, contrairement à beaucoup de leurs homologues européennes, de continuer à investir massivement dans leur réseau routier et non dans les transports dits « publics » qui n'acheminent chaque jour que 3 % des Américains vers leur destination, 97 % ayant recours à la voiture devenue le véritable transport public de notre époque.

De toute manière, rien de significatif ne sera en définitive changé pour les émissions mondiales de CO_2 puisque les États-Unis, pas plus que les autres, n'y peuvent rigoureusement rien alors que c'est le but affiché par le nouveau Président. En la matière, c'est Trump qui avait raison.

S'agissant de la France, il est évidemment aujourd'hui exclu de voir ses instances officielles actuelles rejoindre le camp de la vérité. Comme les autres, sinon plus encore, elle a adhéré aux contrevérités omniprésentes, dont le Président de la République a fait l'une de ses priorités d'action en déclarant « Make the Planet Great Again », comme si c'était maintenant qu'elle était moins « grande » qu'autrefois, alors que la faim, la souffrance et la mort ne cessent d'y reculer.

La réticence actuelle de la France à se rallier à la réalité des faits est d'autant plus marquée que celle-ci présente une spécificité qui lui est propre du fait de son dispositif de sélection de ses élites qui mérite ici quelques paragraphes de digression.

Depuis plus de deux siècles, et plus précisément depuis 1794, l'École Polytechnique, de même que les autres écoles d'ingénieurs de premier rang qui s'en inspirent, agit comme un aimant sur une grande partie de la jeunesse française. Contrairement à ce qui se passe dans les autres pays, il ne s'agit pas seulement de ceux et celles qui ont des affinités pour les mathématiques et les sciences exactes et veulent devenir « ingénieurs », mais plus généralement des « bons élèves », comme en témoigne le fait que ceux qui rentrent dans ces « grandes écoles » scientifiques ont obtenu en moyenne 18 au baccalauréat, bien au-delà de la mention « très bien », ce qui implique de bons résultats dans toutes les matières.

Ceux qui suivent cette voie qui suppose le plus souvent le passage par des « classes préparatoires » scientifiques de niveau exceptionnel, iront ensuite œuvrer en quasi-totalité dans le secteur privé et seront donc perdus pour la sphère publique.

Celle-ci recrute en revanche l'essentiel de ses cadres de haut niveau auprès des établissements dits « Sciences Po » selon des critères opposés. Les mathématiques et les sciences exactes sont bannies des épreuves de sélection, puis de la formation de ces établissements.

Il n'en est pas ainsi ailleurs. On n'accède pas à la *« Harvard Kennedy School »* qui fait référence sur le plan mondial pour la formation des hauts fonctionnaires et des responsables politiques, sans avoir préalablement apporté la preuve que l'on disposait du fait d'études antérieures de *« quantitative proficiency »*, autrement dit qu'on maîtrisait le calcul et les statistiques qui seront ensuite nécessaires pour suivre l'enseignement dispensé au sein de l'établissement. C'est même le seul « *prerequisite* » indispensable pour pouvoir présenter sa candidature à cette prestigieuse institution.

Rien de tel en France, et l'on peut rentrer à l'ENA, dont tous les élèves sont passés par Sciences-Po, sans disposer d'aucune formation scientifique.

Et ce n'est pas la récente réforme du baccalauréat qui a relégué les mathématiques au rang des matières « optionnelles » au même titre que les arts plastiques par exemple, qui améliorera les choses. En 2021, seuls 42 % des candidats ont choisi un baccalauréat comportant une composante mathématique, contre 85 % précédemment.

C'est ainsi que la sphère publique française, dans ses composantes administrative, politique, mais aussi médiatique, est largement composée de personnes qui ont reçu une formation incomplète[1]. Et c'est pourquoi la sphère publique française est une victime désignée des tenants de la doxa écologique.

Il existe aussi d'autres acteurs, déjà cités, dont le silence est encore plus surprenant que celui de notre sphère publique. Il s'agit des grandes firmes des secteurs de l'énergie, de l'industrie et des transports qui souffrent durement des attaques infondées qui font apparaître leurs activités comme nuisibles à l'humanité, alors même qu'elles sont au contraire la source de la prospérité des habitants des pays riches, et indispensables à la sortie de la misère sinon de la mort de ceux des pays pauvres.

1. Cf. Christian Gerondeau, *Rebâtir la France par l'éducation et l'enseignement*, Éd. L'Artilleur.

Or, non seulement ces géants économiques restent silencieux devant les contrevérités qui ont aujourd'hui cours sans partage, mais ils y contribuent. Ne voit-on pas de grandes compagnies pétrolières se vanter d'investir dans l'éolien et le solaire ou dans des projets de captation du CO_2, accréditant ainsi l'idée que leurs produits sont nuisibles à l'humanité ? Ne voit-on pas des firmes du secteur des transports terrestres, maritimes ou aériens, se lancer sur la voie de véhicules fonctionnant à l'hydrogène alors que cette voie est sans issue, accréditant ainsi à nouveau l'idée que leurs activités actuelles sont nocives ?

Ce silence et cette collaboration aux thèses en vigueur sont pour le moins surprenants quand on connaît la force et les moyens de ces secteurs d'activité, les plus puissants du monde, mais elle s'explique. Ceux-ci disposent certes de centaines de milliers de collaborateurs de haut niveau. Mais ceux-ci sont avant tout des ingénieurs, c'est-à-dire spécialisés et ils ne s'impliquent pas ou peu dans des dossiers qui sortent de leur domaine précis de compétence. Ils sont de surcroît crédules par nature devant les affirmations officielles, dont ils ne peuvent imaginer qu'elles soient dépourvues de fondement lorsque c'est le cas. Aussi peu croyable que ce soit, aucune de ces firmes ou aucun de leurs organismes représentatifs n'a d'ailleurs jamais constitué en son sein de cellules de quelques personnes chargées de vérifier la véracité des thèses officielles concernant le climat ou la pollution de l'air, qui les accusent pourtant en permanence du pire des reproches, celui de nuire au genre humain.

À vrai dire, ce sont ces secteurs d'activité qui auraient dû produire depuis longtemps le présent ouvrage qui révèle l'ampleur des manipulations de l'opinion publique dont ils souffrent, et dont souffrent plus encore des pans entiers de l'humanité.

Même s'il n'est pas allé au bout des conclusions à en tirer, il n'existe qu'un seul des dirigeants des grandes firmes nationales concernées qui ait perçu la nature infondée de la catastrophe en cours. Lorsqu'on interroge récemment Carlos Tavares déjà cité sur sa politique dans le domaine des véhicules électriques, celui-ci apporte une remarquable réponse en déclarant *« J'ai deux bras. En tant que citoyen, je m'interroge sur le bien-fondé des véhicules électriques. Mais comme chef d'entreprise, je dois m'adapter aux règles fixées par les pouvoirs publics, fussent-elles sans justification »*.

Mais ce n'est là que la moitié du chemin, car les décisions des pouvoirs publics ne sont que le reflet des informations dont ceux-ci disposent, et les secteurs d'activité concernés n'ont pas constitué le contre-pouvoir qu'ils auraient dû être depuis longtemps pour leur faire connaître la vérité quand celle-ci était bafouée. Des firmes familiales aux moyens limités acquièrent bien des créneaux à la télévision pour vanter leurs produits, et les géants automobiles et pétroliers ne pourraient pas en faire autant pour faire connaître la réalité des choses, en commençant notamment par la disparition de la pollution de l'air dans les villes du monde occidental que constatent tous les observatoires officiels spécialisés qui font tout leur possible pour que l'opinion publique soit convaincue du contraire ?

Si les innombrables organismes publics qui désinforment aujourd'hui sans limites connaissent un tel succès dans le mensonge, c'est que personne ne s'est opposé jusqu'à présent à eux, alors qu'il faudrait peu de chose pour faire connaître une vérité à laquelle il leur serait d'autant plus impossible de s'opposer qu'il ne s'agirait que de mettre en valeur leur propre constat de la disparition de la pollution de l'air dans nos villes et ailleurs.

Mais, tant que les secteurs d'activité concernés n'auront pas compris que l'imaginaire pollution de l'air que nous respirons constitue la base première des attaques qu'ils subissent, y compris lorsqu'il s'agit du climat, et qu'ils ne réagiront pas, rien ne changera. Et ils n'auront pas à se plaindre ni à se désoler de voir notre jeunesse adhérer à une vision désespérante de notre monde et de notre époque. Tant qu'ils n'auront pas compris que personne d'autre ne le fera sans doute à leur place, ils n'auront pas à se plaindre.

o

o o

La religion des temps modernes

Avec une étonnante prémonition, André Malraux avait déclaré : *« Le XXIe siècle sera religieux ou ne sera pas »*. Mais il n'avait pas prévu que la religion dont il avait prédit l'avènement serait dans les pays développés une doxa écologique qui aurait pris la place des religions traditionnelles séculaires.

Mais l'écologisme est-il vraiment une religion comme les autres ?

Par la confiance aveugle que lui portent ses adeptes et l'ardeur qu'ils mettent à la défendre et à la promouvoir, allant parfois jusqu'à la haine à l'égard de ceux qui ne partagent pas leurs vues, il est clair que les plus convaincus des écologistes se comportent comme la grande cohorte de ceux qui, au travers des siècles et parfois jusqu'à nos jours encore, avaient ou ont une foi inébranlable dans les idées, les valeurs et les concepts de la religion qui est leur.

Mais il est une différence majeure entre les religions traditionnelles et l'écologisme. Les premières reposent uniquement sur des *croyances* auxquelles il est loisible ou non d'adhérer, mais qui ne pourront jamais être confrontés à des *faits*. On peut croire à la Sainte Trinité et à la résurrection des corps et des âmes, mais personne ne pourra jamais en apporter la preuve.

Il en va tout autrement de la « religion » écologique car celle-ci a pour objet des phénomènes tangibles qui ne relèvent pas de l'imaginaire mais concernent la planète et ses habitants, et peuvent être observés et caractérisés par des faits et en définitive par des chiffres, ce qui est évidemment exclu pour les religions au sens traditionnel du terme. C'est qu'on ne peut rien contre des chiffres, sauf les ignorer.

Il est donc possible de vérifier si les affirmations de la doxa écologique sont exactes ou non, et cet ouvrage a montré qu'elles ne l'étaient pas. C'est que leur apparente logique est un sophisme qui repose sur les deux fondements déjà cités dans l'introduction de ce livre.

– La température du globe s'accroît dramatiquement et cela ne peut être dû qu'aux activités humaines
– Il faut donc bouleverser celles-ci et notamment mettre fin aux émissions de CO_2, et c'est nécessairement possible car la perspective de la catastrophe ne saurait être acceptée.

Il s'agit là d'un sophisme, car la conclusion qui découle de cette approche, et qui apparaît à tous et toutes ou presque comme une évidence, relève du domaine de l'impossible comme l'ont montré les premières pages de cet ouvrage. Le problème est pris à l'envers. Non, il n'est pas possible de mettre fin aux émissions de CO_2 qui vont au contraire continuer à croître au cours des décennies à venir du fait des pays en voie de développement, ce qui conduit à prendre le problème dans le bon ordre qui est l'inverse de celui du sophisme régnant et mène à poser quelques questions simples alors que l'approche régnante l'interdit :

– L'accroissement de la présence du CO_2 est-il un phénomène nouveau dans l'histoire de la planète ?
– Les variations de la température terrestre actuellement constatées sont-elles différentes de celles du passé ?

Lorsqu'on se pose objectivement ces questions, une conclusion s'impose : rien ne prouve que nous allions à la catastrophe.

Il ne reste alors plus rien de la doxa régnante, car c'est son fondement même qui disparaît, celui de la certitude de la catastrophe telle qu'elle est constamment annoncée par les Secrétaires Généraux successifs des Nations-Unies, qui ont été convaincus par leurs collaborateurs directs, issus des ONG écologistes, que leur mission première était de lutter contre les changements du climat auxquels ils ne peuvent rien, que ceux-ci découlent des activités humaines ou non.

La véritable catastrophe, celle vers laquelle se précipite notamment l'Union Européenne, est celle des handicaps irréversibles que cette vision fausse des choses impose à son économie et à ses peuples. Le constat concerne notamment notre pays, et conduit à une litanie de questions :

– Pourquoi consacrer 30 milliards d'euros à la lutte contre les émissions de CO_2 dans notre actuel plan de relance, alors que ce que nous pouvons faire ne peut servir à rien puisque nos émissions annuelles représentent 1/20 000e de la masse du CO_2 atmosphérique, et qu'il s'agit donc de purs gaspillages ?

– Pourquoi couvrir notre territoire et nos mers d'éoliennes ou de panneaux photovoltaïques avec pour résultat de défigurer pour des décennies les paysages que nous ont légués nos prédécesseurs et la nature, et de doubler les factures d'électricité au détriment d'abord des plus pauvres dont beaucoup grelotteront pendant les froids d'hiver alors que nous étions régulièrement le premier exportateur mondial d'électricité ?

– Pourquoi avoir, contrairement à nos voisins, interdit en France le gaz naturel pour le chauffage des futurs bâtiments et imposé l'électricité au risque d'accroître encore les risques de rupture d'approvisionnement et les factures de chauffage ?

– Pourquoi avoir fermé Fessenheim au risque de mettre en danger notre sécurité d'approvisionnement électrique, tout en déclarant en même temps que le nucléaire était l'une de nos priorités pour l'avenir ?

– Pourquoi, en application de règlements européens dénoués de fondement, vouloir développer à grand prix les voitures électriques, bien plus coûteuses que celles qui fonctionnent avec des moteurs thermiques, et qui nous contraignent à importer massivement leurs composants, alors que même la suppression totale des émissions de la circulation routière européenne n'aurait pas le moindre effet significatif sur la masse du CO_2 atmosphérique ?

– Pourquoi vouloir imposer aux bâtiments les plus anciens des travaux d'isolation très coûteux sinon impossibles, injustifiés par les bénéfices économiques à en attendre et que devront payer en partie les contribuables au travers de subventions ?

– Pourquoi avoir réuni une « *Convention Citoyenne sur le Climat* » en lui faisant croire que son objectif était de réduire les émissions de CO_2 de 40 %, alors que le véritable chiffre était de 0,25 % à l'égard de ce qui compte, c'est-à-dire des émissions planétaires.

– Pourquoi avoir systématiquement interdit aux scientifiques qui ne partageaient pas les points de vue de la doxa officielle de s'exprimer devant cette Convention par un comportement digne de l'époque stalinienne ?

– Pourquoi vouloir interdire en ville les véhicules diesel modernes qui rejettent moins de CO_2 que leurs homologues à essence, et n'émettent plus de polluants locaux nocifs, alors même que les diesels étaient une force reconnue de notre industrie ?

– Pourquoi plus généralement vouloir bannir la voiture des centres-villes comme si ceux-ci n'allaient pas déjà suffisamment mal, et contribuer ainsi à leur dépérissement sinon à leur mort au grand bénéfice des centres commerciaux de banlieue en oubliant l'adage : No parking, No business ?

– Pourquoi consacrer par priorité les neuf (9) milliards d'euros dispensés chaque année par notre Agence Française de Développement à vouloir lutter contre les changements climatiques et en conséquence engager les pays récepteurs de nos prêts ou de notre aide sur la voie de projets inutiles, en leur interdisant notamment de s'équiper de centrales thermiques classiques qui permettraient de doter leurs populations d'accès à l'électricité non intermittente et bon marché dont elles ont tant besoin ?

– Pourquoi en définitive une telle somme d'aberrations ?

– Pourquoi nous diriger ainsi à coup sûr vers notre lent déclin ?

On serait tenté d'invoquer les noms d'Ubu, de Kafka, ou d'Aldous Huxley, mais c'est Lyssenko qui est de retour.

Bien entendu, tout ce que ce livre a mis en lumière ne paraît a priori pas crédible. Mais n'en a-t-il pas été de même en URSS pendant 30 ans où existait une *« science officielle »* contraire à la vérité qui avait amené Jacques Monod à déclarer : *« Tout cela est insensé, démesuré, invraisemblable. C'est vrai pourtant ».*

S'agissant du climat, on sait ce qui s'est passé : les aberrations qui ont aujourd'hui cours doivent leur naissance et leur survie à la prise du pouvoir au sein des Nations-Unies par une poignée d'hommes qui, avec l'appui des grandes ONG militantes de l'écologie, ont œuvré depuis près d'un demi-siècle avec un étonnant succès pour pérenniser la vision malfaisante qu'ils avaient de notre monde et de notre avenir. Il ne faut pas s'y tromper, c'est toute notre vision de l'homme qui est en cause, et les conséquences en sont sans fin, bien au-delà du climat, tant règne aujourd'hui une doxa délétère à laquelle il faut mettre fin.

Il appartient à ceux qui sont les héritiers de Descartes de se révolter contre ce tragique travestissement de la vérité en vue de redonner à la population du monde et en particulier à sa jeunesse confiance dans l'humanité et dans l'avenir.

I have a dream

Malgré ses handicaps actuels, notre pays possède en effet des atouts certains pour ramener le monde à la raison en s'inscrivant dans sa tradition des Lumières. Quatre séries d'acteurs peuvent y contribuer.

Il a été fait précédemment allusion aux faiblesses de notre administration. Il n'empêche qu'il existe en son sein de nombreux esprits lucides qui ne partagent en rien les vues officielles qui ont cours sur ce dossier emblématique. Anciens élèves d'écoles prestigieuses ils pourraient faire entendre leur voix individuellement, ou en regroupant leurs efforts éventuellement par le canal de leurs associations qui trouveraient là une raison d'être majeure au service de l'intérêt général.

On pense aussi au monde politique. Certes il n'y a rien à attendre aujourd'hui de ceux qui sont tenus à l'allégeance à nos dirigeants, mais il en va autrement des partis d'opposition. Ceux-ci ont été jusqu'à présent aveuglés comme les autres par la désinformation provenant des instances nationales et internationales a priori les plus crédibles, au premier rang desquelles les Nations-Unies. Mais certains d'entre eux ont commencé à s'investir dans les dossiers de l'énergie et de l'environnement et à s'interroger sur le bien-fondé des idées régnantes et des décisions prises. Pourquoi ne franchiraient-ils pas l'étape suivante qui les conduirait, les premiers au monde, à dénoncer les forfaitures dont sont victimes la planète entière et donc notre pays depuis des décennies.

Les médias ont aussi leur rôle à jouer. Même s'ils sont encore rares, on commence à voir des journalistes et des commentateurs critiquer les décisions prises au nom d'une illusoire défense de l'environnement, telles que celles qui font l'objet du projet de loi consacré au climat pour donner suite aux recommandations de la « Convention Citoyenne » sur ce thème. Là aussi, il existe une lueur d'espoir pour ceux qui se battent pour la vérité.

Enfin, il faut citer nos grandes instances scientifiques. Jusqu'à présent, celles-ci ont été également victimes de l'affirmation que « la science avait parlé » alors que ce livre a montré qu'il n'en était rien et que la « science » mise en exergue pour faire taire les voix de ceux qui n'adhéraient pas à la doxa officielle n'était en réalité qu'une parodie de ce qu'est la science, une suite déshonorante de falsifications sinon de mensonges. Ce serait l'honneur de nos grandes Académies, celle des Sciences mais aussi celle de la Technologie, ainsi que celui de nos autres grandes institutions scientifiques nationales de rétablir la vérité sur ce dossier central pour l'humanité et de dénoncer les procédés de ceux qui affirment parler au nom d'une science dont il existe de multiples preuves qu'ils ignorent tout.

C'est à la France, pays de Descartes, de porter la voix de la raison. Tel est l'objet de l'appel qui clôt cet ouvrage.

Appel Descartes pour le Climat

Projet

Je partage les constats suivants :

1 – L'énergie est indispensable à la sortie de la pauvreté des habitants des pays en développement et au maintien de la prospérité dans les pays développés.

2 – Ce sont les hydrocarbures fossiles – charbon, pétrole et gaz naturel – qui ont permis l'essor des pays développés depuis l'avènement de l'ère industrielle et la sortie récente de la pauvreté de nouveaux pans de l'humanité.

3 – Les hydrocarbures fossiles fournissent actuellement plus de 80 % de l'énergie utilisée par l'humanité.

4 – Les réserves d'hydrocarbures prouvées qui sont économiquement accessibles et celles qui restent à découvrir sont suffisantes pour répondre aux besoins de l'humanité jusqu'à la fin du présent siècle.

5 – Pour faire face aux besoins des milliards d'habitants qui n'ont aujourd'hui pas ou peu accès à l'énergie, la consommation mondiale des hydrocarbures continuera nécessairement à croître au cours des décennies à venir comme en témoignent les prévisions des pays concernés, et ne pourra significativement décroître au plus tôt qu'aux abords de la fin du présent siècle. La transition énergétique ne se produira pas avant.

6 – Pour l'avenir prévisible, les énergies renouvelables intermittentes – éoliennes et solaires – ne peuvent répondre tout au plus dans des conditions économiquement acceptables qu'à la moitié des besoins en électricité et à 10 % environ des besoins totaux en énergie finale de chaque pays, et non à près de 80 % de ces derniers comme l'a affirmé fallacieusement le GIEC (IPCC) dans son Rapport spécial SRREN de 2011.

7 – Ce n'est qu'à la fin du présent siècle au plus tôt qu'il faudra mettre en œuvre à grande échelle des substituts aux hydrocarbures fossiles. Il faut s'y préparer, mais seulement en développant les recherches, et non en engageant d'inutiles dépenses massives pour mettre en œuvre dès aujourd'hui des alternatives coûteuses de remplacement pour résoudre un problème qui ne se posera que dans des décennies. D'ici là, la « neutralité carbone » restera inaccessible.

8 – Les actions que peuvent mener les pays développés pour réduire leurs émissions ne peuvent avoir aucun effet majeur sur les flux annuels mondiaux de CO_2 car ces pays sont désormais minoritaires au sein de ces flux, et encore moins sur le stock atmosphérique de ce gaz. Les sommes dépensées dans ce but sont des gaspillages d'argent public et privé et les efforts demandés aux collectivités, aux entreprises et aux particuliers ne sont pas justifiés. Pour leur part, les diverses « taxes carbone » envisagées ne peuvent avoir d'influence sur les émissions mondiales de CO_2 car elles devraient atteindre alors des niveaux insupportables.

9 – S'opposer au recours aux hydrocarbures fossiles par les pays en développement, y compris pour la fabrication de l'électricité dont ils sont aujourd'hui trop souvent privés, a pour conséquence leur maintien dans la pauvreté, ainsi que des morts qui en résultent par centaines de milliers.

10 – Le recours aux hydrocarbures fossiles engendre des émissions de CO_2 dont un peu plus de la moitié est spontanément absorbée par la végétation et les océans. Il est illusoire d'imaginer que l'autre moitié puisse faire l'objet de processus de captation et de stockage (CCS).

11 – La quantité de CO_2 présente dans l'atmosphère est donc appelée à continuer à s'accroître. Elle est passée de 2 200 milliards de tonnes (280 ppm) à 3 200 milliards (410 ppm) depuis l'avènement de l'ère industrielle jusqu'à nos jours. Il n'est pas exclu qu'elle atteigne de l'ordre de 5 200 milliards de tonnes (650 ppm) d'ici un siècle.

12 – De telles concentrations ne présentent aucun inconvénient pour la santé. Elles restent très faibles à l'égard de celles qu'a connues le globe dans son passé, qui atteignaient 1 500 ppm du temps des dinosaures et jusqu'à 7 000 ppm dans un passé plus lointain, sans parler des origines mêmes de la planète où elle était bien plus élevée encore.
La hausse actuelle des concentrations de CO_2 favorise la croissance de la végétation et reverdit la planète. Elle est un facteur important d'amélioration des rendements agricoles et un outil de lutte contre la faim.

13 – Il n'existe aucune preuve que l'accroissement de la teneur en CO_2 de l'atmosphère entraîne un réchauffement significatif du climat et de la température terrestre moyenne. Cette dernière a toujours varié, et souvent bien plus qu'à l'heure actuelle sans que ces variations puissent être attribuées à des fluctuations de la concentration atmosphérique en CO_2. Les affirmations contraires reposent sur des modèles hypothétiques qui se contredisent les uns des autres, révélant l'inexistence d'un « accord unanime » des experts auquel il est fait souvent allusion.

14 – L'unanimité mise en avant résulte en effet d'un processus de vote au sein de l'Assemblée Générale du GIEC (IPCC) qui regroupe les représentants officiels des 195 pays qui adhèrent à cet organisme. Or, il est contre nature de se prononcer sur des dossiers scientifiques complexes par un processus de vote. Le GIEC est en fait un organisme politique qui représente, comme l'ONU, le point de vue des gouvernements, comme l'indique son intitulé d'origine (IPCC) qui ne comprend pas le mot « expert » contrairement aux traductions fallacieuses qui en ont été faites dans les autres langues.

15 – Les affirmations actuelles des Nations-Unies, au plus haut niveau de celles-ci, ainsi que des organismes qui dépendent d'elles, mais aussi de la part de multiples structures internationales et nationales jettent sur l'avenir un regard pessimiste infondé qui désespère une partie de la jeunesse et plus généralement de l'humanité.

16 – La présence heureuse dans le sous-sol de la planète d'énergies abondantes et bon marché doit au contraire conduire à une vision optimiste de l'avenir, comme en témoigne la sortie de la pauvreté de pans entiers de l'humanité grâce à elles.

°
° °

En conséquence, je demande aux Nations-Unies et aux organismes qui en dépendent, ainsi qu'aux autres institutions internationales ou nationales qui traitent du dossier du climat, de procéder à un nouvel examen de celui-ci en tenant compte de la réalité des faits et des chiffres rappelés ci-dessus, et non de vues infondées qui reposent avant tout sur une vision négative de l'homme et catastrophiste de l'avenir et mènent depuis des décennies l'humanité sur des voies sans issue.

Christian Gerondeau

Dépôt légal : mai 2021

Achevé d'imprimer en France en octobre 2021
par Dupliprint à Domont (95)
N° d'impression : 2021102306 - N° d'édition : 4384968